数学

科学文化百科

追踪数学发展

牛 月 编著 胡元斌 丛书主编

汕頭大學出版社

图书在版编目（CIP）数据

数学：追踪数学发展 / 牛月编著. -- 汕头：汕头
大学出版社，2015.2 （2020.1 重印）
（中国文化百科 / 胡元斌主编）
ISBN 978-7-5658-1622-2

Ⅰ．①数… Ⅱ．①牛… Ⅲ．①数学史－中国 Ⅳ.
①O112

中国版本图书馆CIP数据核字(2015)第020770号

数学：追踪数学发展　　　　SHUXUE：ZHUIZONG SHUXUE FAZHAN

编　　著：牛　月
丛书主编：胡元斌
责任编辑：邹　峰
封面设计：大华文苑
责任技编：黄东生
出版发行：汕头大学出版社
　　　　　广东省汕头市大学路243号汕头大学校园内　邮政编码：515063
电　　话：0754-82904613
印　　刷：三河市燕春印务有限公司
开　　本：700mm×1000mm 1/16
印　　张：7
字　　数：50千字
版　　次：2015年2月第1版
印　　次：2020年1月第2次印刷
定　　价：29.80元
ISBN 978-7-5658-1622-2

前　言

　　中华文化也叫华夏文化、华夏文明，是中国各民族文化的总称，是中华文明在发展过程中汇集而成的一种反映民族特质和风貌的民族文化，是中华民族历史上各种物态文化、精神文化、行为文化等方面的总体表现。

　　中华文化是居住在中国地域内的中华民族及其祖先所创造的、为中华民族世世代代所继承发展的、具有鲜明民族特色而内涵博大精深的传统优良文化，历史十分悠久，流传非常广泛，在世界上拥有巨大的影响。

　　中华文化源远流长，最直接的源头是黄河文化与长江文化，这两大文化浪涛经过千百年冲刷洗礼和不断交流、融合以及沉淀，最终形成了求同存异、兼收并蓄的中华文化。千百年来，中华文化薪火相传，一脉相承，是世界上唯一五千年绵延不绝从没中断的古老文化，并始终充满了生机与活力，这充分展现了中华文化顽强的生命力。

　　中华文化的顽强生命力，已经深深熔铸到我们的创造力和凝聚力中，是我们民族的基因。中华民族的精神，也已深深植根于绵延数千年的优秀文化传统之中，是我们的精神家园。总之，中国文化博大精深，是中华各族人民五千年来创造、传承下来的物质文明和精神文明的总和，其内容包罗万象，浩若星汉，具有很强文化纵深，蕴含丰富宝藏。

　　中华文化主要包括文明悠久的历史形态、持续发展的古代经济、特色鲜明的书法绘画、美轮美奂的古典工艺、异彩纷呈的文学艺术、欢乐祥和的歌舞娱乐、独具特色的语言文字、匠心独运的国宝器物、辉煌灿烂的科技发明、得天独厚的壮丽河山，等等，充分显示了中华民族厚重的文化底蕴和强大的民族凝聚力，风华独具，自成一体，规模宏大，底蕴悠远，具有永恒的生命力和传世价值。

在新的世纪，我们要实现中华民族的复兴，首先就要继承和发展五千年来优秀的、光明的、先进的、科学的、文明的和令人自豪的文化遗产，融合古今中外一切文化精华，构建具有中国特色的现代民族文化，向世界和未来展示中华民族的文化力量、文化价值、文化形态与文化风采，实现我们伟大的"中国梦"。

习近平总书记说："中华文化源远流长，积淀着中华民族最深层的精神追求，代表着中华民族独特的精神标识，为中华民族生生不息、发展壮大提供了丰厚滋养。中华传统美德是中华文化精髓，蕴含着丰富的思想道德资源。不忘本来才能开辟未来，善于继承才能更好创新。对历史文化特别是先人传承下来的价值理念和道德规范，要坚持古为今用、推陈出新，有鉴别地加以对待，有扬弃地予以继承，努力用中华民族创造的一切精神财富来以文化人、以文育人。"

为此，在有关部门和专家指导下，我们收集整理了大量古今资料和最新研究成果，特别编撰了本套《中国文化百科》。本套书包括了中国文化的各个方面，充分显示了中华民族厚重文化底蕴和强大民族凝聚力，具有极强的系统性、广博性和规模性。

本套作品根据中华文化形态的结构模式，共分为10套，每套冠以具有丰富内涵的套书名。再以归类细分的形式或约定俗成的说法，每套分为10册，每册冠以别具深意的主标题书名和明确直观的副标题书名。每套自成体系，每册相互补充，横向开拓，纵向深入，全景式反映了整个中华文化的博大规模，凝聚性体现了整个中华文化的厚重精深，可以说是全面展现中华文化的大博览。因此，非常适合广大读者阅读和珍藏，也非常适合各级图书馆装备和陈列。

目 录

数学名家

数学历史

数学是我国古代科学中的一门重要学科，其发展源远流长，成就辉煌。根据它本身的特点，可分为这样几个时期：先秦萌芽和汉唐奠基时期、古典数学理论体系建立的时期、古典数学发展的高峰时期和中西方数学的融合时期。

我国古代数学具有特殊的形式和思想内容。它以解决实际问题为目标，研究建立算法与提高计算技术，而且寓理于算，理论高度概括。同时，数学教育总是被打上哲学与古代学术思想的烙印，故具有鲜明的社会性和浓厚的人文色彩。

数学的萌芽与奠基

我国古代数学发轫于原始公社末期，当时私有制和货物交换产生以后，数与形的概念有了进一步的发展，已开始用文字符号取代结绳记事了。

春秋战国时期，筹算记数法已使用十进位值制，人们已谙熟九九乘法表、整数四则运算，并使用了分数。西汉时期《九章算术》的出现，为我国古代数学体系的形成起到了奠基作用。

春秋时期，有一个宋国人，在路上行走时捡到了一个别人遗失的契据，拿回家收藏了起来。他私下里数了数那契据上的齿，然后高兴地告诉邻居说："我发财的日子就要到了！"

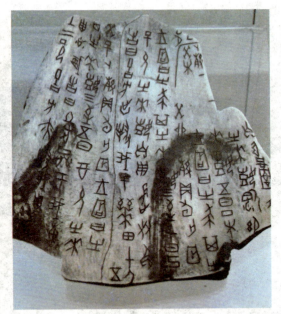

契据上的齿就是木刻上的缺口或刻痕，表示契据所代表的实物的价值。

当人类没有发明文字，或文字使用尚不普遍时，常用在木片、竹片或骨片上刻痕的方法来记录数字、事件或传递信息，统称为"刻木记事"。

我国少数民族曾经使用刻木记事的，有独龙族、傈僳族、佤族、景颇族、哈尼族、拉祜族、苗族、瑶族、鄂伦春族、鄂温克族、珞巴族等民族。

如佤族用木刻计算日子和账目；苗族用木刻记录歌词；景颇族用木刻记录下村寨之间的纠纷；哈尼族用木刻作为借贷、离婚、典当土地的契约；独龙族用递送木刻传达通知等。凡是通知性木刻，其上还常附上鸡毛、火炭、辣子等表意物件，用以强调事情的紧迫性。

其实，早在《列子·说符》记载的故事之前，我们的先民在从野蛮走向文明的漫长历程中，逐渐认识了数与形的概念。

出土的新石器时期的陶器大多为圆形或其他规则形状，陶器上有各种几何图案，通常还有3个着地点，都是几何知识的萌芽。说明人们从辨别事物的多寡中逐渐认识了数，并创造了记数的符号。

殷商甲骨文中已有13个记数单字，最大的数是"三万"，最小的是"一"。一、十、百、千、万，各有专名。其中已经蕴含有十进位值制的萌芽。

传说大禹治水时，便左手拿着准绳，右手拿着规矩丈量大地。因此，我们可以说，"规"、"矩"、"准"、"绳"是我们祖先最早使用的数学工具。

人们丈量土地面积，测算山高谷深，计算产量多少，粟米交换，制定历法，都需要数学知识。在约成书于公元前1世纪的《周髀算经》中，记载了西周商高和周公答问之间涉及的勾股定理内容。

有一次，周公问商高："古时做天文测量和订立历法，天没有台阶可以攀登上去，地又不能用尺寸去测量，请问数是怎样得来的？"

商高略一思索回答说："数是根据圆和方的道理得来的，圆从方来，方又从矩来。矩是根据乘、除计算出来的。"

这里的"矩"原是指包含直角的作图工具。这说明了"勾股测量术"，即可用3比4比5的办法来构成直角三角形。

《周髀算经》并有"勾股各自乘，并而开方除之"的记载，这已经是勾股定理的一般形式了，说明当时已普遍使用了勾股定理。勾股定理是我国数学家的独立发明。

《礼记·内则》篇提道，西周贵族子弟从9岁开始便要学习数目和记数方法，他们要受礼、乐、射、御、书、数的训练，作为"六艺"之一的"数"已经开始成为专门的课程。

春秋时期，筹算已得到普遍的应用，筹算记数法已普遍使用十进位值制，这种记数法对世界数学的发展具有划时代的意义。这个时期的测量数学在生产上有了广泛应用，在数学上也有相应的提高。

战国时期，随着铁器的出现，生产力的提高，我国开始了由奴隶制向封建制的过渡。新的生产关系促进了科学技术的发展与进步。此时私学已经开始出现了。

最晚在春秋末期时，人们已经掌握了完备的十进位值制记数法，普遍使用了算筹这种先进的计算工具。

秦汉时期，社会生产力得到恢复和发展，给数学和科学技术的发展带来新的活力，人们提出了若干算术难题，并创造了解勾股形、重差等新的数学方法。

同时，人们注重先秦文化典籍的收集、整理。作为数学新发展及先秦典籍的抢救工作的结晶，便是《九章算术》的成书。它是西汉丞相张苍、天文学家耿寿昌收集秦火遗残，加以整理删补而成的。

《九章算术》是由国家组织力量编纂的一部官方性数学教科书，集先秦至西汉数学知识之大成，是我国古代最重要的数学经典，对两汉时期以及后来数学的发展产生了很大的影响。

《九章算术》成书后，注家蜂起。《汉书·艺文志》所载《许商算术》、《杜忠算术》就是研究《九章算术》的作品。东汉时期马续、张衡、刘洪、郑玄、徐岳、王粲等通晓《九章算术》，也为之作注。

这些著作的问世，推动了稍后的数学理论体系的建立。

《九章算术》的出现，奠定了我国古代数学的基础，它的框架、形式、风格和特点深刻影响了我国和东方的数学。

拓展阅读

周成王时，在周公的主持下，人们对以往的宗法传统习惯进行补充、整理，制定出一套以维护宗法等级制度为中心的行为规范以及相应的典章制度、礼节仪式。周公"制礼作乐"的内容包括礼、乐、射、御、书、数。成为贵族子弟教育中6门必修课程。

其中的"数"，包括方田、粟米、差分、少广、商功、均输、方程、盈不足、旁要9个部分，称为"九数"。它是当时学校的数学教材。九数确立了汉代《九章算术》的基本框架。

数学理论体系的建立

　　《九章算术》问世之后，我国的数学著述基本上采取两种方式：一是为《九章算术》作注；二是以《九章算术》为楷模编纂新的著作。其中刘徽的《九章算术注》被认为是我国古代数学理论体系的开端。

　　祖冲之的数学研究工作在南北朝时期最具代表性，他在刘徽《九章算术注》的基础上，将传统数学大大向前推进了一步，成为重视数学思维和数学推理的典范。我国古典数学理论体系至此建立。

一位农妇在河边洗碗。她的邻居闲来无事，就走过来问："你洗这么多碗，家里来了多少客人？"

农妇笑了笑，答道："客人每2位合用一只饭碗，每3位合用一只汤碗，每4位合用一只菜碗，共用65只碗。"然后她又接着问邻居，"你算算看，我家里究竟来了多少位客人？"

这位邻居也很聪明，很快就算了出来。

这是《孙子算经》中的一道著名的数学题"河上荡杯"。荡杯在这里是洗碗的意思。

很明显，这里要求解的是65个碗共有多少人的问题。其中有能了解客数的信息是2人共碗饭，3人共汤碗，4人共菜碗。通过这几个数值，很自然就能解决客数问题。

《孙子算经》有3卷，常被误认为春秋军事家孙武所著，实际上是魏晋南北朝时期前后的作品，作者不详。这是一部数学入门读物，通过许多有趣的题目，给出了筹算记数制度及乘除法则等预备知识。

"河上荡杯"，包含了当时人们在数学领域取得的成果。而"鸡兔同笼"这个题目，同样展示了当时的研究成果。

鸡兔同笼的题意是：有若干只鸡兔同在一个笼子里，从上面数，有35个头；从下面数，有94只脚。求笼中各有几只鸡和兔？

这道题其实有多种解法。

其中之一：如果先假设它们全是鸡，于是根据鸡兔的总数就可以算出在假设下共有几只脚，把这样得到的脚数与题中给出的脚数相比较，看看差多少，每差2只脚就说明有1只兔，将所差的脚数除以2，就可以算出共有多少只兔。同理，也可以假设全是兔子。

《孙子算经》还有许多有趣的问题，比如"物不知数"等，在民间广为流传，同时，也向人们普及了数学知识。

其实，魏晋时期特殊的历史背景，不仅激发了人们研究数学的兴趣，普及了数学知识，也丰富了当时的理论构建，使我国古代数学理论有了较大的发展。

在当时，思想界开始兴起"清谈"之风，出现了战国时期"百家争鸣"以来所未有过的生动局面。与此相适应，数学家重视理论研究，力图把从先秦到两汉积累起来的数学知识建立在必然的基础之上。

而刘徽和他的《九章算术注》，则是这个时代造就的最伟大的数学家和最杰出的数学著作。

刘徽生活在"清谈"之风兴起而尚未流入清谈的魏晋之交，受思想界"析理"的影响，对《九章算术》中的各种算法进行总结分析，认为数学像一株枝条虽分而同本干的大树，发自一端，形成了一个完整的理论体系。

刘徽的《九章算术注》作于263年，原10卷。前9卷全面论证了《九章算术》的公式、解法，发展了出入相补原理、截面积原理、齐同原理和率的概念，首创了求圆周率的正确方法，指出并纠正了《九章算术》的某些不精确之处或错误的公式，探索出解决球体积的正确途径，创造了解线性方程组的互乘相消法与方程新术。

用十进分数逼近无理根的近似值等，使用了大量类比、归纳推理及演绎推理，并且以后者为主。

第十卷原名"重差"，为刘徽自撰自注，发展完善了重差理论。

此卷后来单行，因第一问为测望海岛的高远，故名称《海岛算经》。

我国古典数学理论体系的建立，除了刘徽及其《九章算术注》不世之功和《孙子算经》的贡献外，魏晋南北朝时期的《张丘建算经》、《缀术》也丰富了这一时期的理论创建。

南北朝时期数学家张丘建著的《张丘建算经》3卷，成书于北魏时期。此书补充了等差级数的若干公式，其百鸡问题导致三元不定方程组，其重要之处在于开创"一问多答"的先例，这是过去我国古算书中所没有的。

百鸡问题的大意是公鸡每只值5文钱，母鸡每只值3文钱，而3只小鸡值1文钱。用100文钱买100只鸡，问这100只鸡中，公鸡、母鸡和小鸡各多少只？

这个问题流传很广，解法很多，但从现代数学观点来看，实际上是一个求不定方程整数解的问题。

百鸡问题还有多种表达形式，如"百僧吃百馍"和"百钱买百禽"等。宋代数学家杨辉算书内有类似问题。此外，中古时近东各国也有相仿问题流传，而且与《张丘建算经》的题目几乎全同。可见其对后世的影响。

与上述几位古典数学理论构建者相比，祖冲之则重视数学思维和数学推理，他将传统数学大大向前推进了一步。

祖冲之写的《缀术》一书，被收入著名的《算经十书》中，作为唐代国子监算学课本。

祖冲之将圆周率的真值精确到3.1415926，是当时世界上最先进的成就。他还和儿子祖暅一起，利用"牟合方盖"圆满地解决了球体积的计算问题，得到了正确的球体积公式。

祖冲之还在462年编订《大明历》，使用岁差，改革闰制。他反对谶纬迷信，不虚推古人，用数学方法比较准确地推算出相关的数值，坚持了实事求是的科学精神。

拓展阅读

祖冲之的儿子祖暅从小爱好数学，巧思入神，极其精微。专心致志之时，雷霆不能入。

有一次，祖暅边走路边思考数学问题，走着走着，竟然一头撞在了对面过来的仆射徐勉身上。"仆射"是很高的官，徐勉是朝廷要人，倒被这位年轻小伙子碰得够呛，不禁大叫起来。这时祖暅方才醒悟。

祖暅发现了著名的等幂等积定理，又名"祖暅原理"，是指所有等高处横截面积相等的两个同高立体，其体积也必然相等。在当时的世界上处于领先地位。

古典数学发展的高峰

　　唐代是我国封建社会鼎盛时期。朝廷在国子监设算学馆，置算学博士、助教指导学生学习。为宋元时期数学发展高潮拉开了序幕。

　　南宋时期翻刻的数学著作，是目前世界上传世最早的印刷本数学著作。贾宪、李冶、杨辉、朱世杰等人的著作，对传播普及数学知识，意义尤为深远。

唐代有个天文学家，名叫李淳风，有一次，他在校对新岁历书时，发现朔日将出现日蚀，这是不吉祥的预兆。

唐太宗听说这个消息很不高兴，说："日蚀如不出现，那时看你如何处置自己？"

李淳风说："如果没有日蚀，我甘愿受死。"

到了朔日，也就是初一那天，皇帝便来到庭院等候看结果，并对李淳风说："我暂且放你回家一趟，好与老婆孩子告别。"

李淳风说："现在还不到时候。"说着他便在墙上划了一条标记：等到日光照到这里的时候，日蚀就会出现。

日蚀果然出现了，跟李淳风说的时间丝毫不差。

李淳风不仅对天文颇有研究，他还是个大名鼎鼎的数学家。

唐代国子监算学馆以算取士。656年，李淳风等奉敕为《周髀算经》、《九章算术》、《海岛算经》、《孙子算经》、《夏侯阳算经》、《缀术》、《张丘建算经》、《五曹算经》、《五经算术》、《缉古算经》这10部算经作注，作为算学馆教材。

这就是著名的《算经十书》，该书是我国古代数学奠基时期的总结。

唐代中期之后，生产关系和社会各方面逐渐产生新的实质性变革。至宋太祖赵匡胤建立宋王朝后，我国封建社会进入了又一个新的阶段，农业、手工业、商业和科学技术得到更大发展。

宋朝秘书省于1084年首次刊刻了《九章算术》等10部算经，是世界上首次出现的印刷本数学著作。后来南宋数学家鲍澣之翻刻了这些刻本，有《九章算术》半部、《周髀算经》、《孙子算经》、《五曹算经》、《张丘建算经》共5种及《数术记遗》等孤本流传至今。

宋元时期数学家贾宪、沈括、秦九韶、杨辉、李冶、朱世杰的著作，大都在成书后不久即刊刻，并借助当时发达的印刷术得以广泛流传。

贾宪是北宋时期数学家，撰有《黄帝九章算术算经细草》，是当时最重要的数学著作。此书因被杨辉《详解九章算术算法》抄录而大部分保存了下来。

贾宪将《九章算术》未离开题设具体对象甚至数值的术文大都抽象成一般性术文，提高了《九章算术》的理论水平。

贾宪的思想与方法对宋元数学影响极大，是宋元数学的主要推动者之一。

北宋时期大科学家沈括对数学有独到的贡献。在《梦溪笔谈》中首创隙积术，开高阶等差级数求和问题之先河；又提出会圆术，首次提出求弓形弧长的近似公式。

宋元之际半个世纪左右，是我国数学高潮的集中体现，也是我国历史上留下重要数学著作最多的时期，并形成了南宋朝廷统治下的长江中下游与金元朝廷统治下的太行山两侧两个数学中心。

南方中心以秦九韶、杨辉为代表，以高次方程数值解法、同余式解法及改进乘除捷算法的研究为主。

秦九韶撰成《数书九章算术》，总共18卷。分大衍、天时、田域、测望、赋役、钱谷、营建、军旅、市易9类81题，其成就之大，题设之复杂，都超过以往算经。

在这些问题中，有的问题有88个条件，有的答案多达180条，军事问题之多也是空前的，这反映了他对抗元战争的关注。

杨辉共撰5部数学著作，分别是《详解九章算术算法》、《日用算法》、《乘除通变本末》、《田亩比类乘除捷法》和《续古摘奇算法》。传世的有4部，居元以前数学家之冠。

宋元之际的北方中心以李冶为代表，以列高次方程的天元术及其解法为主。李冶的《测圆海镜》12卷、《益古演段》3卷，是流传至今的最早的以天元术为主要方法的著作。

元朝统一全国以后，元代数学家、教育家朱世杰，集南北两个数学中心之大成，达到了我国筹算的最高水平。

朱世杰有两部重要著作《算学启蒙》和《四元玉鉴》传世。他曾经以数学家的身份周游全国20余年，向他学习数学的人很多。

此外，杨辉、朱世杰等人对筹算乘除捷算法的改进、总结，导致了珠算盘与珠算术的产生，完成了我国计算工具和计算技术的改革。

元朝中后期，又出现了《丁巨算法》、贾亨《算法全能集》、何平子《详明算法》等改进乘除捷算法的著作。

拓展阅读

据说李淳风能掐会算。

有一次他对皇帝说："7个北斗星要变成人，明天将去西市喝酒。可以派人守候在那里，将他们抓获。"

唐太宗便派人前去守候。果然见有7个婆罗门僧人从金光门进城到西市酒楼饮酒。使臣上前宣读了皇帝旨意，请几位大师到皇宫去一趟。

僧人们互相看了看，然后笑道："一定是李淳风这小子说我们什么了。"

僧人们下楼时，使者在前面带路先下去了，当使者回头看他们时，7个人早已踪影全无。唐太宗闻奏，更加佩服李淳风。

数学成就

　　我国为世界四大文明古国之一，在数学发展史上，创造出许多杰出成就。比如勾股定理的发现和证明、"0"和负数的发明和使用、十进位值制记数法、祖冲之的圆周率推算、方程的四元术等，都是我国古代数学领域的贡献，在世界数学史上占有重要地位。

　　我国古代数学取得的光辉成就，是人类对数学的认识过程中迈出的重要步伐，远远走在世界的前列。扩大了数学的领域，推动了数学的发展，在人类认识和改造世界过程中发挥了重要作用。

发现并证明勾股定理

勾股定理是一个基本几何定理，是人类早期发现并证明的重要数学定理之一，是用代数思想解决几何问题的最重要的工具之一，也是数形结合的纽带之一。勾股定理是余弦定理的一个特例。

世界上几个文明古国如古巴比伦、古埃及都先后研究过这条定理。我国是最早了解勾股定理的国家之一，被称为"商高定理"。

成书于公元前1世纪的我国最古老的天文学著作《周髀算经》中，记载了周武王的大臣周公询问皇家数学家商高的话，其中就有勾股定理的内容。

这段话的内容是，周公问："我听说你对数学非常精通，我想请教一下：天没有梯子可以上去，地也没法用尺子去一段一段丈量，那么关于天的高度和地面的一些测量的数据是怎么样得到的呢？"

商高说："数的产生来源于对圆和方这些图形的认识。其中有一条原理：当直角三角形'矩'得到的一条直角边'勾'等于3，另一条直角边'股'等于4的时候，那么，它的斜边'弦'就必定是5。"

这段对话，是我国古籍中"勾三、股四、弦五"的最早记载。

用现在的数学语言来表述就是：在任何一个不等腰的直角三角形中，两条直角边的长度的平方和等于斜边长度的平方。也可以理解成两个长边的平方之差与最短边的平方相等。

基于上述渊源，我国学者一般把此定理叫作"勾股定理"或"商高定理"。

商高没有解答勾股定理的具体内容，不过周公的后人陈子曾经运用他所理解的太阳和大地知识，运用勾股定理测日影，以确定太阳的高度。这是我国古代人民利用勾股定理在科学上进行的实践。

周公的后人陈子也成了一个数学家，是他详细地讲述了测量太阳高度的全套方案。这位陈子是当时的数学权威，《周髀算经》这本书，除了最前面一节提到商高以外，剩下的部分说的都是陈子的事。

据《周髀算经》说，陈子等人的确以勾股定理为工具，求得了太阳与镐京之间的距离。为了达到这个目的，他还用了其他一系列的测量方法。

陈子用一只长8尺，直径0.1尺的空心竹筒来观察太阳，让太阳恰好装满竹筒的圆孔，这时候太阳的直径与它到观察者之间距离的比例正好是竹筒直径和长度的比例，即1比80。

经过诸如此类的测量和计算，陈子和他的科研小组测得日下60000里，日高80000里，根据勾股定理，求得斜至日整10万里。

这个答案现在看来当然是错的。但在当时，陈子对他的方案充分信心。他进一步阐述这个方案：

在夏至或者冬至这一天的正午，立一根8尺高的竿来测量日影，根据实测，正南1000里的地方，日影1.5尺，正北1000里的地方，日影1.7尺。这是实测，下面就是推理了。

越往北去，日影会越来越长，总有一个地方，日影的长会正好是6尺，这样，测竿高8尺，日影长6尺，日影的端点到测竿的端点，正好是10尺，是一个完美的"勾三股四弦五"的直角三角形。

这时候的太阳和地面，正好是这个直角三角形放大若干倍的相似形，而根据刚才实测数据来说，南北移动1000里，日影的长短变化是0.1尺，那由此往南60000里，测得的日影就该是零。

也就是说从这个测点到"日下"，太阳的正下方，正好是60000里，于是推得日高80000里，斜至日整10万里。

接下来，陈子又讲天有多高地有多大，太阳一天行几度，在他那儿都有答案。

陈子根本没有想到这一切都是错的。他要是知道他脚下大得没边的大地，只不过是一个小小的寰球，体积是太阳的一百三十万分之一，就像飘在空中的一粒尘土，真不知道他会是什么表情。

书的最后陈子说：一年有365天4分日之一，有12月19分月之7，一月有29天940分日之499。这个认识，有零有整，而且基本上是对的。

现在大家都知道一年有365天，好像不算是什么学问，但在那个时代，陈子的学问不是那么简单的，虽然他不是全对。

勾股定理的应用，在我国战国时期另一部古籍《路史后记十二注》中也有记载：大禹为了治理洪水，使不决流江河，根据地势高低，决定水流走向，因势利导，使洪水注入海中，不再有大水漫溢的灾害，也是应用勾股定理的结果。

勾股定理在几何学中的应用非常广泛，较早的案例有《九章算术》中的一题：有一个正方形的池塘，池塘的边长为1丈，有一棵芦苇生长在池塘的正中央，并且芦苇高出水面部分有1尺，如果把芦苇拉向岸边则恰好碰到岸沿，问水深和芦苇的高度各多少？

这是一道很古老的问题，《九章算术》给出的答案是"12尺"、"13尺"。这是用勾股定理算出的结果。

汉代的数学家赵君卿，在注《周髀算经》时，附了一个图来证明"商高定理"。这个证明是400多种"商高定理"的证明中最简单和最巧妙的。

外国人用同样的方法来证明的，最早是印度数学家巴斯卡拉·阿查雅，那是1150年的时候，可是比赵君卿还晚了1000年。

东汉初年，根据西汉和西汉时期以前数学知识积累而编纂的一部数学著作《九章算术》里面，有一章就是讲"商高定理"在生产事业上的应用。

直至清代才有华蘅芳、李锐、项名达、梅文鼎等创立了这个定理的几种巧妙的证明。

勾股定理是人们认识宇宙中形的规律的起点，在东西方文明起源过程中，有着很多动人的故事。

我国古代数学著作《九章算术》的第九章即为勾股术，并且整体上呈现出明确的算法和应用性特点，表明已懂得利用一些特殊的直角三角形来切割方形的石块，从事建筑庙宇、城墙等。

这与欧几里得《几何原本》第一章的毕达哥拉斯定理及其显现出来的推理和纯理性特点恰好形成熠熠生辉的对比，令人感慨。

拓展阅读

"商高定理"在外国称为"毕达哥拉斯定理"。为什么一个定理有这么多名称呢？

毕达哥拉斯是古希腊数学家，他是公元前5世纪的人，比商高晚出生500多年。希腊另一位数学家欧几里得在编著《几何原本》时，认为这个定理是毕拉哥拉斯最早发现的，所以他就把这个定理称为"毕拉哥拉斯定理"，以后就流传开了。

事实上，说勾股定理是毕达哥拉斯所发现的是不大确切的。因为在这之前，古埃及、古巴比伦和我国都已经出现了这方面的理论与实践。

发明使用0和负数

我国是世界上公认的"0"的故乡。在数学史上，"0"的发明和使用是费了一番周折的。我国发明和使用"0"，对世界科学作出了巨大的贡献。

在商业活动和实际的生产生活当中，由于"0"不能正确表示出商人付出的钱数和盈利得来的钱数，因而又出现了负数。从古至今，负数在日常生活中有非常重要的作用。

在我国的数字文化中，某一数字的含义或隐意，往往与它的谐音字有关。在长期使用"0"的过程中，人们同样赋予"0"许多文化内涵。

"0"的象形为封闭的圆圈，在我国古代哲学中，它象征周而复始的循环、空白、起始点或空无。

在自然序列数字中，"0"表示现在，负数表示过去，正数表示将来。在一个正整数的后面加一个"0"，便增加10倍；用"0"乘任何一个数其结果都为"0"；用"0"去除任何一个数其结果就变得不可思议。

零含有萧杀之意。传说古代的舜帝便死于零陵；古代家人散失，要写寻人帖并悬于竿上，随风摇曳，故名"零丁"；秋风肃杀，草坠曰零，叶坠为落，合称为"零落"，又指人事之衰谢、亲友之逝去。

零的发音也与灵相同，选择"0"来表示零，可能含有神灵的神秘意义。零星又称作"灵星"，即"天田星"，或龙星座的"左角之小星"，主管谷物之丰歉，是后稷在天上的代表。我国汉代时曾设有灵星祠。

我国是世界上最早发明和使用"0"的国家。从"0"开始，深入到数字王国，其中充满着古人的智慧，值得一说的事情无穷无尽。

其实，"0"的产生经历了一个漫长的过程。远古时候，人们靠打猎为生，由于当时计数很困难，打回来的猎物没有一个明确的数表示，常常引出许多的麻烦。

在这种情况下，人们迫切需要"0"这个数字的问世。但是，当时却没有发现能代表"什么也没有"的空位符号。

到了我国最早的诗歌总集《诗经》成书时，其中就有"0"的记载。《诗经》大约成书于西周时期，在当时的语义里，"0"原本指"暴风雨末了的小雨滴"，它被借用为整数的余数，即常说的零头，有整有零、零星、零碎的意思。

据考证，"0"这个符号表示"没有"和应用到社会中，是从我国古书中缺字用"□"符号代替演变而来。至今，人们在整理出版一些

文献资料档案中遇到缺字时，仍用"□"这个符号代替，表示空缺的意思。

我国古代的历书中，用"起初"和"开端"来表示"加"。古书里缺字用"□"来表示，数学上记录"0"时也用"□"

来表示。

这种记录方式，一方面为了把两者区别开来，更重要的是，由于我国古代用毛笔书写。用毛笔写"0"比写"□"要方便得多，所以0逐渐变成按逆时针

方向画的圆圈"○"，"0"也就这样诞生了。

至魏晋时期数学家刘徽注《九章算术》时，已经把"0"作为一个数字，含有初始、端点、本源的意思。有了"0"这个表示空位的符号后，数学计数就变得方便、简捷了。

我国古代筹算亦有"凡算之法，先识其位"的说法，以空位表示"0"；后来的珠算空档也表示"0"，被称为金元数字，以示珍重。

另外，据说"0"是印度人首先发明的。最初，印度人在使用十进位值记数法时，是用空格来表示空位的，后来又以小点来表示，最后才用扁圆"0"来表示。

事实上，直至16世纪时，欧洲才逐渐采用按逆时针方向画"0"。因此，国际友人称誉我国是"0"的故乡。

阿拉伯数字从西方传入我国的时候，大约是在宋元时期，我国的"0"已经使用2000年左右的时间了。可见我国是世界上最早发明和使用"0"的国家。

我国发明和使用"0"，对世界科学作出了巨大的贡献。"0"自从一出现就具有非常旺盛的生命力，现在，它广泛应用于社会的各个

领域。

在数学里，小于"0"的数称为"负数"。在古代商业活动和实际的生活当中，"0"仍不能正确表示出商人付出的钱数和盈利得来的钱数，因而又出现了负数。

我国古代劳动人民早在公元前2世纪就认识到了负数的存在。人们在筹算板上进行算术运算的时候，一般用黑筹表示负数，红筹表示正数。或者是以斜列来表示负数，正列表示正数。

此外，还有一种表示正负数的方法是用平面的三角形表示正数，矩形表示负数。

据考古学家考证，在《九章算术》的《方程》篇中，就提出了负数的概念，并写出了负数加减法的运算法则。此外，我国古代的许多数学著作甚至历法都提到了负数和负数的运算法则。

南宋时期的秦九韶在《数术九章算术》一书中记载有关于作为高次方程常数项的结果"时常为负"。

杨辉在《详解九章算术算法》一书中，把"益"、"从"、"除"和"消"分别改为了"加"与"减"，这更加明确了正负与加减的关系。

元代数学家朱世杰在《算学启蒙》一书中，第一次将"正负术"

列入了全书的《总括》之中，这说明，那时的人们已经把正负数作为一个专门的数学研究科目。

在这本书中，朱世杰还写出了正负数的乘法法则，这是人们对正负数研究迈出的新的一步。

我国对正负数的认识不但比欧洲人早，而且也比古印度人早。印度开始运用负数的年代比我国晚700多年，直至630年，印度古代著名的大数学家婆罗摩笈多才开始使用负数，他用小点或圆圈来表示负号。而在欧洲，人们认识负数的年代大约比我国晚了1000多年。

负数概念的提出，以及和它相应建立的加减乘除法则，是中华民族对数学研究所作出的又一项巨大贡献。

拓展阅读

阿拉伯数字传入我国，大约在宋元时期。当时蒙古帝国的势力远及欧洲，元统一全国后，和欧洲交往频繁，阿拉伯数字便通过西域通道传入我国。

我国古代有一种数字叫"筹码"，写起来比较方便，所以阿拉伯数字当时在我国没有得到及时的推广运用。过了六七百年，直至20世纪初清代朝廷推行新政，国人才开始比较普遍地使用阿拉伯数字，并逐渐成为人们学习、生活和交往中最常用的数字。

这个史实说明，我国是世界上最早发明和使用数字的国家。

内容丰富的图形知识

我国农业和手工业发展得相当早而且成熟。先进的农业和手工业带来了先进的技术，其中不少包含着图形知识。包括测绘工具的制造和使用，图形概念的表现形式，土地等平面面积和粮仓等立体体积的计算等。

我国古代数学中的几何知识具有一种内在逻辑，这是以实用材料组织知识体系和以图形的计算作为知识的中心内容。

规、矩等早期的测量工具的发明，对推动我国测量技术的发展有直接的影响。

大禹在治水时，陆行乘车，水行乘舟，泥行乘橇，山行穿着钉子鞋，经风沐雨，非常辛苦。他左手捏着准绳，右手拿着规矩，黄河、长江到处跑，四处调研。

大禹为了治水，走在树梢下，帽子被树枝刮走了，他也不回头看；鞋子跑丢了，也不回去拣。其实他不是不知道鞋子丢了，他是不肯花时间去捡。

正如有一句鞭策人心的名言：大禹不喜欢一尺长的玉璧，却珍惜一寸长的光阴。

大禹手里拿的"准"、"绳"、"规"、"矩"，就是我国古代的作图工具。

原始作图肯定是徒手的。随着对图形要求的提高，特别是对图形规范化要求的提出，如线要直、弧要圆等，作图工具的创制也就成为必然的了。

"准"的样式有些像现在的丁字尺，从字义上分析，它的作用大概是与绳结合在一起，用于确定大范围内的线的平直。

"规"和"矩"的作用，分别是画图和定直角。这两个字在甲骨文中已有出现，规取自用手执规的样子，矩取自它的实际形状。矩的形状后来有些变化，由含两个直角变成只含一个直角。

规、矩、准、绳的发明，有一个在实践中逐步形成和完善的过程。这些作图工具的产生，有力地推动了与此相关的生产的发展，也极大地充实和发展了人们的图形观念和几何知识。

战国时期已经出现了很好的技术平面图。在一些漆器上所画的船只、兵器、建筑等图形，其画法符合正投影原理。在河北省出土的战国时中山国古墓中的一块铜片上有一幅建筑平面图，表现出很高的制图技巧和几何水平。

规、矩等早期的测量工具的发明，对推动我国测量技术的发展有直接的影响。

秦汉时期，测量工具渐趋专门和精细。为量长度，发明了丈杆和测绳，前者用于测量短距离，后者则用于测量长距离。还有用竹篾制成的软尺，全长和卷尺相仿。矩也从无刻度的发展成有刻度的直角尺。

另外，还发明了水准仪、水准尺以及定方向的罗盘。测量的方法自然也更趋高明，不仅能测量可以到达的目标，还可以测量不可到达的目标。

秦汉以后测量方法的高明带来了测量后计算的高超，从而丰富了我国数学的内容。

据成书于公元前1世纪的《周髀算经》记载，西周开国时期周公与商高讨论用矩测量的方法，其中商高所说的用矩之道，包括了丰富的数学内容。

商高说："平矩以正绳，偃矩以望高，复矩以测深，卧矩以知远……" 商高说的大意是将曲尺置于不同的位置可以测目标物的高度、深度与广度。

商高所说用矩之道，实际就是现在所谓的勾股测量。勾股测量涉及勾股定理，因此，《周髀算经》中特别举出了勾三、股四、弦五的例子。

秦汉时期以后，有人专门著书立说，详细讨论利用直角三角形的相似原理进行测量的方法。这些著作较著名的有《周髀算经》、《九章算术》、《海岛算经》、《数术记遗》、《数书九章算术》、《四元玉鉴》等，它们组成了我国古代数学独特的测量理论。

图形的观念是在人们接触自然和改造自然的实践中形成的。人类早期是通过直接观察自然，效仿自然来获得图形知识的。

这里所谓的自然，不是作一般解释的自然，而是按照对人类最迫切需要，以食物为主而言的自然。人们从这方面获得有关动物习性和植物性质的知识，并由祈求转而形成崇拜。

几乎所有的崇拜方式都表现了原始艺术的特征，如兽舞戏和壁画。可以相信，我们确实依靠原始生活中的生物学因素，才有用图表意的一些技术。这不但是视觉艺术的源泉，而且也是图形符号、数学和书契的源泉。

随着生活和生产实践的不断深入，图形的观念由于两个主要的原因得到加强和发展。

一是出现了利用图形来表达人们思想感情的专职人员。从旧石器时代末期的葬礼和壁画的证据来看，好像那时已经很讲究幻术，并把图形作为表现幻术内容的一部分。

幻术需要有专职人员施行，他们不仅主持重大的典礼，而且充当画师，这样，通过画师的工作，图形的样式逐渐地由原来直接写真转变为简化了的偶像和符号，有了抽象的意义。

二是生产实践所起的决定性影响。图形几何化的实践基础之一是编织。据考证，编篮的方法在旧石器时代确已被掌握，对它的套用还出现了粗织法。

编织既是技术又是艺术，因此除了一般的技术性规律需要掌握外，还有艺术上的美感需要探索，而这两者都必须先经实践，然后经思考才能实现。这就为几何学和算术奠定了基础。

因为织出的花样的种种形式和所含的经纬线数目，本质上，都属于数学性质，因而引起了对于形和数之间一些关系的更深的认识。

当然，图形几何化的原因不仅在于编织，轮子的使用、砖房的建造、土地的丈量，都直接加深和扩大了对几何图形的认识，成为激起古人建立几何观念的基本课题。

如果说，上述这些生产实践活动使人们产生并深化了图形观念，那么，陶器花纹的绘制则是人们表观这种观念的场合。在各种花纹，特别是几何花纹的绘制中，人们再次发展了空间关系，这就是图形间相互的位置关系和大小关系。

考古工作者的考古发现证实，早在新石器时期，我国古人已经有了明显的几何图形的观念。在西安半坡遗址构形及出土的陶器上，已出现了斜线、圆、方、三角形、等分正方形等几何图形。

在所画的三角形中，又有直角的、等腰的和等边的不同形状。

稍晚期的陶器，更表现出一种发展了的图形观念，如江苏省邳县出土的陶壶上已出现了各种对称图形；磁县下潘汪遗址出土的陶盆的沿口花纹上，表现了等分圆周的花牙。

自然界几乎没有正规的几何形状，然而人们通过编织、制陶等实践活动，造出了或多或少形状正规的物体。这些不断出现且世代相传的制品提供了把它们互相比较的机会，让人们最终找出其中的共同之处，形成抽象意义下的几何图形。

今天我们所具有的各种几何图形的概念，也首先决定于我们看到了人们做出来的具有这些形状的物体，并且我们自己知道怎样来做出它们。其实这也是实践出真知的例证。

我国古代也对角有了一定的认识并能加以应用。据战国时期成书的《考工记》记载，那时人们在制造农具、车辆、兵器、乐器等工作中，已经对角的概念有了认识并能加以应用。

《周礼·考工记》中说，当时的工匠制造农具、车辆等，"半矩谓之宣，一宣有半谓之欘，一欘有半谓之柯，一柯有半谓之磬折。"

其中，"矩"指直角，即90度。由此推算，"一宣"是45度，一欘是67.5度，一"柯"是101度15分，而一"磬折"该是151度52.5分。

不过这不是十分确切的。因为就在同一本书中，"磬折"的大小也有被说成是"一矩有半"，这样它就该是135度了。

各种角的专用名称的出现，既表现了在手工业技术中对角的认识和应用，也反映了我国古代对角的数学意义的重视。它使我国古代数学以另一种方式来解决实践中所出现的问题。

至于面积和体积计算知识的获得，与古代税收制度的建立和度量衡制度的完善有直接关系。

先秦重要典籍《春秋》记载鲁宣公时实行"初税亩"，开始按亩收税，"产十抽一"。《管子》也记载齐桓公时"案田而税"。这些税收制度的实施，首先要弄清楚土地面积，把土地丈量清楚，然后按照亩数的比例来征税。

这说明春秋战国时期我国已经有丈量土地和计算面积与体积的方法。

先秦时期面积和体积计算方法，后来集中出现在西汉时期的《九章算术》一书中，成为了数学知识的重要内容之一。

另外，从考古工作者在居延汉简中，也可以得到证明。这些成就在数学知识早期积累的时候已经逐步形成，并成为后来的面积和体积理论的基础。

拓展阅读

传说，大禹身高1丈，脚长1尺，这两个度量单位方便了他的治水工作，他可以"方便"地测量土地山川，这也是"丈夫"一词的来历。

由于忙于丈量山川，太过劳累，而且腿经常浸在泥里，大禹的膝盖严重风湿变形，走路一颠一颠，好像在跳舞一样。后代的道士模仿这个细碎而急促的步子，称作"禹步"，是道士在祷神仪礼中常用的一种步法动作。我国西南少数民族法师的禹步，俗称为"踩九州"，似乎更接近于大禹治理洪水后划定九州的本意。

独创十进位值制记数法

我国古代数学以计算为主，取得了十分辉煌的成就。其中十进位值制记数法在数学发展中所起的作用和显示出来的优越性，在世界数学史上也是值得称道的。

十进位值制记数法是我国古代劳动人民一项非常出色的创造。十进位值制记数法给计算带来了很大的便利，对数学的发展影响深远。十进位值制记数法曾经被马克思称为"人类最美妙的发明之一"。

从前，华夏族的人们对天上会生云彩、下雨下雪、打雷打闪，地上会刮大风、起大雾，不知道是咋回事。部落首领伏羲总想把这些事情弄清楚。

有一天，伏羲在蔡河捕鱼，逮住一只白龟。他想：世上白龟少见，当年天塌地陷，白龟老祖救了俺兄妹，后来就再也见不到了。莫非这只白龟是白龟老祖的子孙？嗯，我得把它养起来。

他挖个坑，灌进水，把白龟放在里边，抓些小鱼虾放在坑里，给白龟吃。

说来也怪，白龟养在那儿，坑里的水格外清。伏羲每次去喂它，它都会凫到伏羲前，趴在坑边不动。

伏羲没事儿就坐在坑沿儿，看着白龟，想世上的难题。看着看着，他见白龟盖上有花纹，就折一根草秆儿，在地上照着白龟盖上的花纹画。

画着想着，想着画着，画了九九八十一天，画出了名堂。他把自己的所感所悟用两个符号"——"和"— —"描述了下来，前者代表一阳，后者代表阴。阴阳来回搭配，一阳二阴，一阴二阳，三阳三阴，画来画去，画成了八卦图。

伏羲八卦中的二进制思想，被后来的德国数学家莱布尼茨所利用，于1694年设计出了机械计算机。现在，二进制已成为电子计算机的基础。

不仅伏羲八卦中蕴含了二进制思想，而且我国是世界上第一个既采用十进制，又使用二进制的国家。

二进制与十进制的区别在于数码的个数和进位规律。二进制的计数规律为逢二进一，是以2为基数的记数体制。在十进制中我们通常所说的10，在二进制中就是等价于2的数值。

十进，就是以10为基数，逢十进一位。位值这个数学概念的要点，在于使同一数字符号因其位置不同而具有不同的数值。

我国自有文字记载开始，记数法就遵循十进制了。商代的甲骨文和西周的钟鼎文，都是用一、二、三、四、五、六、七、八、九、十、百、千、万等字的合文来记10万以内的自然数。这种记数法，已经含有明显的位值制意义。

甲骨卜辞中还有奇数、偶数和倍数的概念。

考古学家考证，在公元前3世纪的春秋战国时期，我国古人就已经会熟练地使用十进位制的算筹记数法，这个记数法与现在世界上通用的十进制笔算记数法基本相同。

史实说明：我国是世界上最早发明并使用十进制的国家。我国运用十进制的历史，比世界上第二个发明十进制的国家古代印度，起码早约1000年。

十进位值制记数法包括十进位和位值制两条原则，"十进"即满十进一；"位值"则是同一个数在不同的位置上所表示的数值也就不同。所有的数字都用10个基本的符号表示，满十进一。

同时，同一个符号在不同位置上所表示的数值不同，符号的位置非常重要。

如三位数"111"，右边的"1"在个位上表示1个一，中间的"1"在十位上就表示1个十，左边的"1"在百位上则表示1个百。这样，就使极为困难的整数表示和演算变得更加简便易行。

十进位值制记数法具有广泛的用处。在计算数学方面，商周时期已经有了四则运算，到了春秋战国时期整数和分数的四则运算已相当

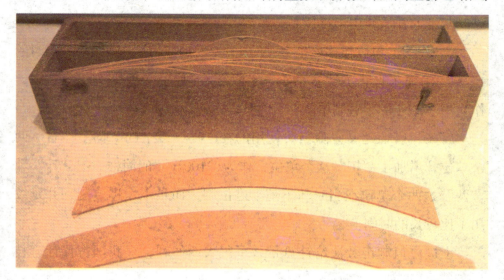

完备。

其中，出现于春秋时期的正整数乘法歌诀《九九歌》，堪称是先进的十进位记数法与简明的我国语言文字相结合之结晶，这是任何其他记数法和语言文字所无法产生的。

从此，《九九歌》成为数学的普及和发展最基本的基础之一，一直延续至今。其变化只是古代的《九九歌》从"九九八十一"开始，到"二二得四"止，现在是由"一一得一"到"九九八十一"。

十进位值制记数法的应用在度量衡发明上也有体现。自古以来，世界各国的度量衡单位进位制就十分繁杂。那时，各个国家甚至各个城市之间的单位不仅不统一，而且连进位制也不一样，制度非常混乱，很少有国家使用十进制，大都为十二进制或十六进制。

其实，在秦统一全国以前，度量衡制度也很不统一，当时的各诸侯国就有四、六、八、十等进位制。

秦始皇统一中国后，发布了关于统一度量衡制度的法令。到西汉末年，朝廷又制定了全国通用的新标准，除"衡"的单位以外，全国已经基本上开始使用十进位制。

唐代，衡的单位根据称量金银的需要，增加了"钱"这个单位。当时的1"钱"，为现在的十分之一"两"，并用"分"、"厘"、"毫"、"丝"、"忽"，作为"钱"以下的十进制单位。

后来，唐朝廷又废除当时使用的在"斤"以上的"钧"、"石"两个单位，增加了"担"这个单位，作为"100斤"的简称。但"斤"和"两"这两个单位在当时却不是十进位制，而是十六进位制，并延续用了比较长的时间。

十进位值制记数法给计算带来了很大的便利，对我国古代计算技术的高度发展产生了重大影响。它比世界上其他一些文明发生较早的地区，如古巴比伦、古埃及和古希腊所用的计算方法要优越得多。

十进位值制记数法的产生缘于人们对自然数认识的扩大和实际需要，体现了数学发展与人类思维发展、人类生活需要之间的因果关系，揭示了数学作为一门思维科学的本质特征。

马克思在他的《数学手稿》一书中称颂十进位值制记数法是最美妙的发明之一，正是对这一数学方法内在的特点及在数学王国中地位的精当概括。而我国先民正是这一"最美妙发明"的最早发明人。

著名的英国科学史学家李约瑟教授曾对我国商代记数法予以很高的评价："如果没有这种十进制，就几乎不可能出现我们现在这个统一化的世界了"，李约瑟说，"总的说来，商代的数字系统比同一时代的古巴比伦和古埃及更为先进更为科学。"

拓展阅读

1694年，德国数学家莱布尼茨想改进机械计算机。

一天，欧洲的传教士把我国的八卦介绍给他，他如获至宝研究起来。

八卦中只有阴和阳这两种符号，却能组成8种不同的卦象，进一步又能演变成64卦。这使他灵机一动：用"0"和"1"分别代替八卦中的阴和阳，用阿拉伯数字把八卦表示出来。在这个思路的指引下，他终于发现正好用二进制来表示从0至7的8个数字。

莱布尼茨在八卦的基础上发明了二进制，最终设计出了新的机械计算机。

发明使用筹算和珠算

　　远古时期，随着生产的迅速发展和科学技术的进步，人们在生产和生活中遇到了大量比较复杂的数字计算问题。为了适应这种需要，劳动人民创造了一种重要的计算方法——筹算。

　　珠算是由筹算演变而来的，这是十分清楚的。为了方便起见，劳动人民便创造出更加先进的计算工具——珠算盘。

　　由于算盘不但是一种极简便的计算工具，而且具有独特的教育职能，所以到现在仍盛行不衰。

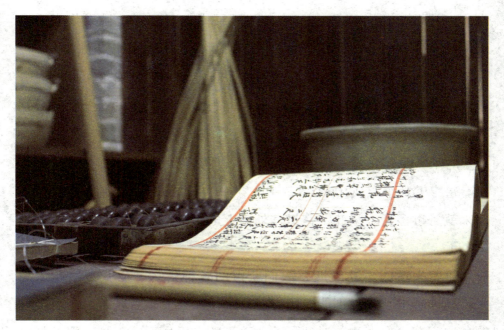

　　传说，算盘和算数是黄帝手下一名叫隶首的人发明创造的。黄帝统一部落后，先民们整天打鱼狩猎，制衣冠，造舟车，生产蒸蒸日上。由于物质越来越多，算账、管账成为人们经常碰到的事。开始，只好用结绳记事，刻木为号的办法，处理日常算账问题。但由于出出进进的实物数目巨大，虚报冒领的事也经常发生。

　　有一天，黄帝宫里的隶首上山采食野果，发现山桃核的颜色非常好看。他心想，把这10个颜色的桃核比作10张虎皮，把另外10个颜色的比作10张山羊皮。

　　今后，谁交回多少猎物，谁领走多少猎物，就给谁记几个山桃核。这样谁也别想赖账。

　　隶首回到黄帝宫里，把他的想法告诉给了黄帝。黄帝觉得很有道理。于是，就命隶首管理宫里的一切财物账目。

　　隶首担任了黄帝宫里的"会计"后，命人采集了各种野果，分开类别。比如，山楂果代表山羊；栗子果代表野猪；山桃果代表飞禽等。不论哪个狩猎队捕回什么猎物，隶首都按不同野果记下账。

但好景不长，各种野果存放时间一长，全都变色腐烂了，一时分不清各种野果颜色。隶首便到河滩拣回很多不同颜色的石头片，分别放进陶瓷盘子里。这下记账再也不怕变色腐烂了。

后来，隶首又给每块不同颜色的石片都打上眼，用细绳逐个穿起来。每穿够10个数或100个数，中间穿一个不同颜色的石片。这样清算起来就省事多了。从此，宫里宫外，上上下下，再没有发生虚报冒领的事了。

随着生产的不断发展，人们获得的各种猎物、皮张数字越来越大，品种越来越多，不能老用穿石片来记账目。隶首苦苦思考着更好的办法。有一次，隶首遇到了黄帝手下的老臣风后，就把算账的想法告诉了他。

风后听了隶首的想法，很感兴趣，就让隶首摘来野果，又折回10根细竹棒，每根棒上穿上10枚野果，一连穿了10串，并排插在地上。

风后建议说："猎队今天交回5只鹿就从竹棒上往上推5枚红欧粟子。明天再交回6只鹿，你就再往上推6枚。"接着，风后又向隶首提出了如何进位计算的建议。

在风后的启发下，隶首明白了进位计算的道理，立即做了一个大泥盘子，把人们从蚌肚子里挖出来的白色珍珠拣回来，给每颗上边打成眼。每10颗一穿，穿成100个数的"算盘"。然后在上边写清位数，如十位、百位、千位、万位。从此，记数、算账再也用不着那么多的石片了。算盘就这样诞生了。

其实，传说总归是传说，从历史上看，算盘是在算筹的基础上发明的，而筹算完成于春秋战国时期。从一定意义上说，我国古代数学史就是一部筹算史。

　　古时候，人们用小木棍进行计算，这些小木棍叫"算筹"，用算筹作为工具进行的计算叫"筹算"。

　　春秋战国时期，农业、商业和天文历法方面有了飞跃的发展，在这些领域中，出现了大量比以前复杂得多的计算问题。为了解决这些复杂的计算问题，才创造出计算工具算筹和计算方法筹算。

　　此外，现有的文献和文物也证明筹算出现在春秋战国时期。例如："算"和"筹"两字，最早出现在春秋战国时期的著作如《仪礼》、《孙子》、《老子》、《法经》、《管子》、《荀子》等中；甲骨文和钟鼎文中到现在仍没有见到这两个字；1、2、3以外的筹算数字最早出现在战国时期的货币上。

　　当然，所谓筹算完成于春秋战国时期，并不否认在此之前就有简单的算筹记数和简单的四则运算。

关于算筹形状和大小，最早见于《汉书·律历志》。根据记载，算筹是圆形竹棍，以271根为一"握"。算筹直径1分，合现在的0.12厘米，长6寸，合现在的13.86厘米。

根据文献的记载，算筹除竹筹外，还有木筹、铁筹、玉筹和牙筹，还有盛装算筹的算袋和算子筒。唐代曾经规定，文武官员必须携带算袋。

考古工作者曾经在陕西省宝鸡市千阳县发现了西汉宣帝时期的骨制算筹30多根，大小长短和《汉书·律历志》的记载基本相同。其他考古发现也与相关史籍的记载基本吻合。

这些算筹的出土，是我国古代数学史就是筹算史的实物证明。

筹算是以算筹做工具进行的计算，它严格遵循十进位值制记数法。9以上的数就进一位，同一个数字放在百位就是几百，放在万位就是几万。

这种记数法，除所用的数字和现今通用的阿拉伯数字形式不同

外，和现在的记数法实质是一样的。它是把算筹一面摆成数字，一面进行计算，这个运算程序和现今珠算的运算程序基本相似。

记述筹算记数法和运算法则的著作有《孙子算经》、《夏侯阳算经》和《数术记遗》等。

负数出现后，算筹分成红黑两种，红筹表示正数，黑筹表示负数。算筹还可以表示各种代数式，进行各种代数运

算，方法和现今的分离系数法相似。

我国古代在数字计算和代数学方面取得的辉煌成就，和筹算有密切的关系。

例如祖冲之的圆周率准确到小数第七位，需要计算正12288边形的边长，把一个9位数进行22次开平方，而且加、减、乘、除步骤除外，如果没有十进位值制的计算方法，那就会困难得多了。

筹算在我国古代用了大约2000年，在生产和科学技术以至人民生活中，发挥了重大的作用。随着社会的发展，计算技术要求越来越高，筹算需要改革，这是势在必行的。

筹算改革从中唐以后的商业实用算术开始，经宋元时期出现大量的计算歌诀，至元末明初珠算的普遍应用，大概历时700多年。

《新唐书》和《宋史·艺文志》记载了这个时期出现的大量著作。从遗留下来的著作中可以看出，筹算的改革是从筹算的简化开始而不是从工具改革开始的，这个改革最后导致珠算的出现。

最早提到珠算盘的是明初的《对相四言》。明代中期《鲁班木经》中有制造珠算盘的规格。

算盘是长方形的，四周是木框，里面固定着一根根小木棍，小木棍上穿着木珠，中间一根横梁把算盘分成两部分，每根木棍的上半部有1个珠子，这个珠子当5，下半部有4个珠子，每个珠子代表1。

在现存文献中，比较详细地说明珠算用法的著作，有明代数学家徐心鲁的《盘珠算法》，明代律学家、历学家、数学家和艺术家朱载堉的《算学新说》，明代"珠算之父"程大位的《直指算法统宗》等。以程大位的著作流传最广。

值得指出的是，在元代中叶和元代末期的文学、戏剧作品中都曾提到过珠算。事实上，珠算出现在元代中期，元末明初已经被普遍应用了。

随着时代不断前进，算盘不断得到改进，成为今天的"珠算"。它是中华民族当代"计算机"的前身。我国的珠算还传到朝鲜、日本等国，对这些国家的计算技术的发展曾经起过一定的作用。

拓展阅读

自古以来，算盘都是用来算账的，也正因为此，算盘被当作象征富贵的吉祥物，为人们推崇。在民间，常会听到"金算盘"、"铁算盘"之类的比喻，形容的也多是"算进不算出"的精明。

算盘还作为陪嫁出现在嫁妆"六证"之中，以祝福新人婚姻生活富足安好，赢得广茂财源，同时警醒新娘要学会"精打细算"。

此外，若挂在门上、窗上或者书架上，这样可以助人们婚姻生活富足安宁，还可以帮人们驱避小人。

数学史上著名的"割圆术"

我国在先秦产生了无穷小分割的若干命题。随着人们认识水平的逐步提高，至南北朝时期，无穷小分割思想已经基本成熟，并被数学家刘徽运用到数学证明中。

我国古代的无穷小分割思想不仅是我国古典数学成就之一，而且包含着深刻的哲学道理，在人们发现、分析和解决实际问题的过程中，发挥了积极作用。

刘徽在人类历史上首次将无穷小分割引入数学证明，是古代无穷小分割思想在数学中最精彩的体现。

相传很久以前，黄河里有一位河神，人们叫他河伯。河伯站在黄河岸上。望着滚滚的浪涛由西而来，又奔腾跳跃向东流去，兴奋地说："黄河真大呀，世上没有哪条河能和它相比。我就是最大的水神啊！"

有人告诉他："你的话不对，在黄河的东面有个地方叫渤海，那才真叫大呢！"

河伯说："我就不信，渤海再大，它能大得过黄河吗？"

那人说："别说一条黄河，就是几条黄河的水流进渤海，也装不满它。"

河伯固执地说："我没见过渤海，我不信。"

那人无可奈何，告诉他："有机会你去看看渤海，就明白我的话了。"

秋天到了，连日的暴雨使大大小小的河流都注入黄河，黄河的河面更加宽阔了，隔河望去，对岸的牛马都分不清。

这一下，河伯更得意了，以为天下最壮观的景色都在自己这里，他在自得之余，想起了有人跟他提起的渤海，于是决定去那里看看。

河伯顺着流水往东走，到了渤海，脸朝东望去，看不到水边。只见大海烟波浩渺，直接天际，不由得内心受到极大震撼。

　　河伯早已收起了欣喜的脸色，望着海洋，对着渤海叹息道："如今我看见您的广阔无边，我如果不是来到您的家门前，那就危险了，因为我将永远被明白大道理的人所讥笑。"

　　渤海神闻听河伯这样说，知道他提高了认识，就打算解答他的一些疑问。

　　其中有一段是这样的。

　　河伯问："世间议论的人们总是说：'最细小的东西没有形体可寻，最巨大的东西不可限定范围'。这样的话是真实可信的吗？"

　　渤海神回答："从细小的角度看庞大的东西不可能全面，从巨大的角度看细小的东西不可能真切。精细，是小中之小；庞大，是大中之大。大小虽不同却各有各的合宜之处，这是事物固有的态势。"

　　"所谓精细与粗大，仅限于有形的东西，至于没有形体的事物，是不能用计算数量的办法来分的；而不可限定范围的东西，更不是用数量能够精确计算的。"

上述故事选自被称为"天下第一奇书"的《庄子》的《秋水》篇，这篇文章是人们公认的《庄子》书中第一段文字。因为此篇最得庄周汪洋恣肆而行云流水之妙。

其实，这段对话中说的至精无形、无形不能分的思想，可以看作是作者借河神和海神的对话，阐述了当时的无穷小分割思想。

早在我国先秦时期、西周时期数学家的商高也曾与周公讨论过圆与方的关系。在《周髀算经》中，商高回答周公旦的问话中说得一清二楚。

圆既然出于方，为什么圆又归不了方呢？是世人没有弄清"圆出于方"的原理，而错误地定出了圆周率而造成的。

商高"方圆之法"，即求圆于方的方法，渗透着辩证思维。"万物周事而圆方用焉"，意思是说，要认识世界可用圆方之法；"大匠造制而规矩设焉"，意思是说，生产者要制造物品必然用规矩。

可见"圆方"包容着对现实天地的空间形式和数量关系的认识，而"数之法出于圆方"，就是在说数学研究对象就是"圆方"，即天地，数学方法来之于"圆方"。亦即数学方法源于对自然界的认识。

"毁方而为圆，破圆而为方"，意思是说，圆与方这对矛盾，通过"毁"与"破"是可以互相转化的。认为"方中有圆"或"圆中有方"，就是在说"圆"与"方"是对立的统一体。

这就是商高的"圆方说"。它强调了数学思维要灵活应用，从而揭示出人的智力、人的数学思维在学习数学中的作用。认识了圆，人们也就开始了有关于圆的种种计算，特别是计算圆的面积。

战国时期的"百家争鸣"也促进了数学的发展，尤其是对于正名和一些命题的争论直接与数学有关。

名家认为经过抽象以后的名词概念与它们原来的实体不同，他们提出"矩不正，不可为方；规不正，不可为圆"，认为圆可以无限分割。

墨家则认为，名来源于物，名可以从不同方面和不同深度反映物。墨家给出一些数学定义，例如圆、方、平、直、次、端等。

墨家不同意圆可以无限分割的命题，提出一个"非半"的命题来进行反驳：将一线段按一半一半地无限分割下去，就必将出现一个不能再分割的"非半"，这个"非半"就是点。

名家的命题论述了有限长度可分割成一个无穷序列，墨家的命题则指出了这种无限分割的变化和结果。名家和墨家的数学定义和数学命题的讨论，对我国古代数学理论的发展是很有意义的。

汉司马迁《史记·酷吏列传》以"破觚而为圜"比喻汉废除秦的刑法。破觚为圆含有朴素的无穷小分割思想，大约是司马迁从工匠加工圆形器物化方为圆、化直为曲的实践中总结出来的。

上述这些关于"分割"的命题，对后来数学中的无穷小分割思想有深刻影响。

我国古代数学经典《九章算术》在第一章"方田"章中写到"半周半径相乘得积步"，也就是我们现在所熟悉的这个公式。

为了证明这个公式，魏晋时期数学家刘徽撰写《九章算术注》，在这一公式后面写了一篇1800余字的注记。这篇注记就是数学史上著名的"割圆术"。

刘徽用"差幂"对割到192边形的数据进行再加工，通过简单的运算，竟可以得到3072边形的高精度结果，附加的计算量几乎可以忽略不计。这一点是古代无穷小分割思想在数学中最精彩的体现。

刘徽在人类历史上首次将无穷小分割引入数学证明，成为人类文明史中不朽的篇章。

拓展阅读

庄周是战国时期著名的思想家。他超越了任何知识体系和意识形态的限制，站在天道的环中和人生边上来反思人生。他的哲学是一种生命的哲学，他的思考也具有终极的意义。

庄周还有很多思想十分超前，比如提出了"一尺之棰，日取其半，万世不竭"等命题。

这句话的意思是说，一根一尺长的木棍，每天砍去它的一半，万世也砍不完。这是典型的数学里的极限思想，对古代数学的发展有很大影响。

遥遥领先的圆周率

刘徽创造的割圆术计算方法，只用圆内接多边形面积，而无需外切形面积，从而简化了计算程序，为计算圆周率和圆面积建立起相当严密的理论和完善的算法。

同时，为解决圆周率问题，刘徽所运用的初步的极限概念和直曲转化思想，这在古代也是非常难能可贵的。

在刘徽之后，我国南北朝时期杰出的数学家祖冲之，把圆周率推算到更加精确的程度，比欧洲人早了800多年，取得了极其光辉的成就。

刘徽是魏晋期间伟大的数学家，我国古典数学理论的奠基者之一。他创造了许多数学方面的成就，其中在圆周率方面的贡献，同样源于他的潜心钻研。

　　有一次，刘徽看到石匠在加工石头，觉得很有趣，就仔细观察了起来。石匠一斧一斧地凿下去，一块方形石料就被加工成了一根光滑的圆柱。

　　谁会想到，原本一块方石，经石匠师傅凿去4个角，就变成了八角形的石头。再去8个角，又变成了十六边形。这在一般人看来非常普通的事情，却触发了刘徽智慧的火花。

　　他想："石匠加工石料的方法，为什么不可以用在圆周率的研究上呢？"

　　于是，刘徽采用这个方法，把圆逐渐分割下去，一试果然有效。刘徽独具慧眼，终于发明了"割圆术"，在世界上把圆周率计算精度提高到了一个新的水平。

近代数学研究已经证明，圆周率是一个"超越数"概念，是一个不能用有限次加减乘除和开各次方等代数运算术出来的数据。我国在两汉时期之前，一般采用的圆周率是"周三径一"。很明显，这个数值非常粗糙，用它进行计算，结果会造成很大的误差。

随着生产和科学的发展，"周三径一"的估算越来越不能满足精确计算的要求，人们便开始探索比较精确的圆周率。

虽然后来精确度有所提高，但大多却是经验性的结果，缺乏坚实的理论基础。因此，研究计算圆周率的科学方法仍然是十分重要的工作。

魏晋之际的杰出数学家刘徽，在计算圆周率方面，作出了非常突出的贡献。

他在为古代数学名著《九章算术》作注的时候，指出"周三径一"不是圆周率值，而是圆内接正六边形周长和直径的比值。而用古法计算出的圆面积的结果，不是圆面积，而是圆内接正十二边形面积。

经过深入研究，刘徽发现圆内接正多边形边数无限增加的时候，多边形周长无限逼近圆周长，从而创立割圆术，为计算圆周率和圆面积建立起相当严密的理论和完善的算法。

刘徽割圆术的基本思想是：

割之弥细，所失弥少，割之又割以至于不可割，则与圆合体而无所失矣。

就是说分割越细，误差就越小，无限细分就能逐步接近圆周率的实际值。他很清楚圆内接正多边形的边数越多，所求得的圆周率值越精确这一点。

刘徽用割圆的方法，从圆内接正六边形开始算起，将边数一倍一倍地增加，即12、24、48、96，因而逐个算出正六边形、正十二边形、正二十四边形等的边长，使"周径"之比的数值逐步地逼近圆周率。

他做圆内接九十六边形时，求出的圆周率是3.14，这个结果已经比古率精确多了。

刘徽利用"幂"和"差幂"来代替对圆的外切近似，巧妙地避开了对外切多边形的计算，在计算圆面积的过程中收到了事半功倍的效果。

刘徽首创"割圆术"的方法，可以说他是我国古代极限思想的杰出代表，在数学史上占有十分重要的地位。他所得到的结果在当时世界上也是很先进的。

刘徽所处的时代是社会上军阀割据，特别是当时魏、蜀、吴三国割据，那么在这个时候中国的社会、政治、经济发生了极大的变化，特别是思想界，文人学士们互相进行辩难。

所以当时成为辩难之风，

一帮文人学士来到一块，就像我们大专辩论会那样，一个正方一个反方，提出一个命题来大家互相辩论。在辩论的时候人们就要研究讨论关于辩论的技术，思维的规律，所以在这一段人们的思想解放，应该说是在春秋战国之后没有过的，这时人们对思维规律的研究特别发达，有人认为这时人们的抽象思维能力远远超过春秋战国时期。

刘徽在《九章算术注》的自序中表明，把探究数学的根源，作为自己从事数学研究的最高任务。他注《九章算术》的宗旨就是"析理以辞，解体用图"。"析理"就是当时学者们互相辩难的代名词。刘徽通过析数学之理，建立了中国传统数学的理论体系。

在刘徽之后，祖冲之所取得的圆周率数值可以说是圆周率计算的一个跃进。据《隋书·律历志》记载，祖冲之确定了圆周率的不足近似值是3.1415926，过剩近似值是3.1415927，真值在这两个近似值之间，成为当时世界上最先进的成就。

拓展阅读

圆周率在生产实践中应用非常广泛，在科学不很发达的古代，计算圆周率是一件相当复杂和困难的工作。因此，圆周率的理论和计算在一定程度上反映了一个国家的数学水平。

祖冲之算得小数点后7位准确的圆周率，正是标志着我国古代高度发展的数学水平。

祖冲之的圆周率精确值在当时世界遥遥领先，直至1000年后阿拉伯数学家阿尔卡西才超过他。所以，国际上曾提议将"圆周率"定名为"祖率"，以纪念祖冲之的杰出贡献。

创建天元术与四元术

天元术和四元术是我国古代求解高次方程的方法。天元术是列方程的方法，四元术是高次方程组的解法。13世纪，高次方程的数值解法是数学难题之一。当时许多数学家都致力于这个问题。

在我国古代，解方程叫作"开方术"。宋元时，开方术已经发展到历史的新阶段，已经达到了当时的世界先进水平。

我国古代历史悠久，特别是数学成就更是十分辉煌，在民间流传着许多趣味数学题，一般都是以朗朗上口的诗歌形式表达出来。其中就有许多方程题。比如有一首诗问周瑜的年龄：

大江东去浪淘尽，千古风流数人物。

而立之年督东吴，早逝英年两位数。

十比个位正小三，个位六倍与寿符。

哪位学子算得快，多少年华属周瑜？

依题意得周瑜的年龄是两位数，而且个位数字比十位数字大3，若设十位数字为x，则个位数字为$(x+3)$，由"个位6倍与寿符"可列方程得：$6(x+3)=10x+(x+3)$，解得$x=3$，所以周瑜的年龄为36岁。这些古代方程题非常有趣，普及了数学知识，激发了人们的数学思维。

在古代数学中，列方程和解方程是相互联系的两个重要问题。宋代以前，数学家要列出一个方程，如唐代著名数学家王孝通撰写的《缉古算经》，首次提出三次方程式正根的解法，能解决工程建设中上下宽狭不一的计算问题，是对我国古代数学理论的卓越贡献，比阿拉伯人早300多年，比欧洲早600多年。

随着宋代数学研究的发展，解方程有了完善的方法，这就直接促进了对于列方程方法的研究，于是出现了我国数学的又一项杰出创造——天元术。

据史籍记载，金元之际已有一批有关天元术的著作，尤其是数学家李冶和朱世杰的著作中，都对天元术作了清楚的阐述。

李冶在数学专著《测圆海镜》中通过勾股容圆问题全面地论述了设立未知数和列方程的步骤、技巧、运算法则，以及文字符号表示法等，使天元术发展到相当成熟的新阶段。

《益古演段》则是李冶为天元术初学者所写的一部简明易晓的入门书。他还著有《敬斋古今黈》、《敬斋文集》、《壁书丛削》、《泛说》等，前一种今有辑本12卷，后3种已失传。

朱世杰所著《算学启蒙》，内容包括常用数据、度量衡和田亩面积单位的换算、筹算四则运算法则、筹算简法、分数、比例、面积、体积、盈不足术、高阶等差级数求和、数字方程解法、线性方程组解法、天元术等，是一部较全面的数学启蒙书籍。

朱世杰的代表作《四元玉鉴》记载了他所创造的高次方程组的建立与求解方法，以及他在高阶等差级数求和、高阶内插法等方面的重要成就。

除李冶、朱世杰外，元代色目人学者赡思《河防通议》中也有天元术在水利工程方面的应用。

天元术是利用未知数列方程的一般方法，与现在代数学中列方程的方法基本一致，但写法不同。它首先要"立天元一为某某"，相当于"设x为某某"，再根据问题给出的条件列出两个相等的代数式。然后，通过类似合并同类项的过程，得出一个一端为零的方程。

天元术的出现，提供了列方程的统一方法，其步骤要比阿拉伯数学家的代数学进步得多。而在欧洲，则是至16世纪才做到这一点。

继天元术之后，数学家又很快把这种方法推广到多元高次方程组，最后又由朱世杰创立了四元术。

自从《九章算术》提出了多元一次联立方程后，多少世纪没有显著的进步。

在列方程方面，蒋周的演段法为天元术做了准备工作，他已经具有寻找等值多项式的思想；洞渊马与信道是天元术的先驱，但他们推导方程仍受几何思维的束缚；李冶基本上摆脱了这种束缚，总结出一套固定的天元术程序，使天元术进入成熟阶段。

在解方程方面，贾宪给出增乘开方法，刘益则用正负开方术求出四次方程正根，秦九韶在此基础上解决了高次方程的数值解法问题。

至此，一元高次方程的建立和求解都已实现。

线性方程组古已有之，所以具备了多元高次方程组产生的条件。李德载的二元术和刘大鉴的三元术相继出现，朱世杰集前人研究之大成，对二元术、三元术总结与提高，把"天元术"发展为"四元术"，建立了四元高次方程组理论。

元代杰出数学家朱世杰的《四元玉鉴》举例说明了一元方程、二元方程、三元方程、四元方程的布列方法和解法。其中有的例题相当复杂，数字惊人的庞大，不但过去从未有过，就是今天也很少见。可见朱世杰已经非常熟练地掌握了多元高次方程组的解法。

　　"四元术"是多元高次方程组的建立和求解方法。用四元术解方程组，是将方程组的各项系数摆成一个方阵。

　　其中常数项右侧仍记一"太"字，4个未知数一次项的系数分置于常数项的上下左右，高次项系数则按幂次逐一向外扩展，各行列交叉处分别表示相应未知数各次幂的乘积。

　　解这个用方阵表示的方程组时，要运用消元法，经过方程变换，逐步化成一个一元高次方程，再用增乘开方法求出正根。

　　从四元术的表示法来看，这种方阵形式不仅运算繁难，而且难以表示含有4个以上未知数的方程组，带有很大的局限性。

　　我国代数学在四元术时期发展至巅峰，如果要再前进一步，那就需要另辟蹊径了。后来，清代的代数学进展是通过汪莱等人对于方程理论的深入研究和引进西方数学这两条途径来实现的。

拓展阅读

　　元代数学家朱世杰建立了四元高次方程组解法"四元术"，居于世界领先水平。在外国，多元方程组虽然也偶然在古代的民族中出现过，但较系统地研究却迟至16世纪。

　　1559年法国人彪特才开始用A、B、C等来表示不同的未知数。过去不同未知数用同一符号来表示，以致含混不清。正式讨论多元高次方程组已到18世纪，由探究高次代数曲线的交点个数而引起。

　　1100年法国人培祖提出用消去法的解法，这已在朱世杰之后四五百年了。

创建垛积术与招差术

垛积术源于北宋科学家沈括首创的"隙积术"，用来研究某种物品按一定规律堆积起来求其总数问题，即高阶等差级数的研究。后世数学家丰富和发展了这一成果。

宋元时期，天文学与数学的关系进一步密切了。招差术的创立、发展和应用，是我国古代数学史和天文学史上具有世界意义的重大成就。

北宋真宗时，有一年皇宫失火，很多建筑被烧毁，修复工作需要大量土方。当时因城外取土太远，遂采用沈括的方案：

就近在大街取土，将大街挖成巨堑，然后引汴水入堑成河，使运料的船只可以沿河直抵宫门。竣工后，将废料充塞巨堑复为大街。

沈括提出的方案，一举解决了取土、运料、废料处理问题。此外，沈括还有"因粮于敌"、"高超合龙"，"引水补堤"等，也都是使用运筹学思想的例子。

沈括是北宋时期的大科学家，博学多识，在天文、方志、律历、音乐、医药、卜算等方面皆有所论著。沈括注意数学的应用，把它应用于天文、历法、工程、军事等领域，得出许多重要的成果。

沈括的数学成就主要是提出了隙积术、测算、度量、运粮对策等。其中的"隙积术"是高阶等差级数求和的一种方法，为后来南宋杨辉的"垛积术"、元代郭守敬和朱世杰的"招差术"开辟了道路。

垛积，即堆垛求积的意思。由于许多堆垛现象呈高阶等差数列，因此垛积术在我国古代数学中就成了专门研究高阶等差数列求和的方法。

沈括在《梦溪笔谈》中说：算术中求各种几何体积的方法，例如长方棱台、两底面为直角三角形的正柱体、三角锥体、四棱锥等都已具备，唯独没有隙积这种算法。

所谓隙积，就是有空隙的堆垛体，像垒起来的棋子，以及酒店里叠置的酒坛一类的东西。它们的形状虽像覆斗，4个测面也都是斜的，但由于内部有内隙之处，如果用长方棱台方法来计算，得出的结果往往比实际为少。

沈括所言把隙积与体积之间的关系讲得一清二楚。同样是求积，但"隙积"是内部有空隙的，像垒棋，层层堆积坛罐一样。

而酒家积坛之类的隙积问题，不能套用长方棱台体积公式。但也不是不可类比，有空隙的堆垛体毕竟很像长方棱台，因此在算法上应该有一些联系。

沈括是用什么方法求得这一正确公式的，《梦溪笔谈》没有详细说明。现有多种猜测，有人认为是对不同长、宽、高的垛积进行多次实验，用归纳方法得出的；还有人认为可能是用"损广补狭"办法，割补几何体得出的。

沈括所创造的将级数与体积比类，从而求和的方法，为后人研究级数求和问题提供了一条思路。首先是南宋末年的数学家杨辉在这条思路中获得了成就。

杨辉在《详解九章算术算法》和《算法通变本末》中，丰富和发展了沈括的隙积术成果，还提出了新的垛积公式。

沈括、杨辉等所讨论的级数与一般等差级数不同，前后两项之差并不相等，但是逐项差数之差或者高次差相等。对这类高阶等差级数的研究，在杨辉之后一般称为"垛积术"。

元代数学家朱世杰在其所著的《四元玉鉴》一书中，把沈括、杨辉在高阶等差级数求和方面的工作向前推进了一步。

朱世杰对于垛积术做了进一步的研究，并得到一系列重要的高阶等差级数求和公式，这是元代数学的又一项突出成就。他还研究了更复杂的垛积公式及其在各种问题中的实际应用。

对于一般等差数列和等比数列，我国古代很早就有了初步的研究成果。总结和归纳出这些公式并不是一件轻而易举的事情，是有相当难度的。上述沈括、杨辉、朱世杰等人的研究工作，为此作出了突出的贡献。

"招差术"也是我国古代数学领域的一项重要成就，曾被大科学家牛顿加以利用，在世界上产生了深远影响。

我国古代天文学中早已应用了一次内插法，隋唐时期又创立了等间距和不等间距二次内插法，用以计算日、月、五星的视行度数。这项工作首先是由刘焯开始的。

刘焯是隋代经学家、天文学家。他的门生弟子很多，成名的也不少，其中衡水县的孔颖达和盖文达，就是他的得意门生，后来成为唐代初期的经学大师。

隋炀帝即位，刘焯任太学博士。当时，历法多存谬误，他呕心沥血制成《皇极历》，首次考虑到太阳视运动的不均性，创立"等间距二次内插法公式"来计算运行速度。

《皇极历》在推算日行盈缩，黄道月道损益，日、月食的多少及出现的地点和时间等方面，都比以前诸历精密得多。

由于太阳的视运动对时间来讲并不是一个二次函数，因此即使用不等间距的二次内插公式也不能精确地推算太阳和月球运行的速度等。因此，刘焯的内插法有待于进一步研究。

宋元时期，天文学与数学的关系进一步密切了，许多重要的数学方法，如高次方程的数值解法，以及高次等差数列求和方法等，都被天文学所吸收，成为制定新历法的重要工具。元代的《授时历》就是一个典型。

《授时历》是由元代天文学家兼数学家郭守敬为主集体编写的一部先进的历法著作。其先进的成就之一，就是其中应用了招差术。

郭守敬创立了相当于球面三角公式的算法，用于计算天体的黄道坐标和赤道坐标及其相互换算，废除了历代编算历法中的分数计算，采用百位进制，使运算过程大为简化。

拓展阅读

有一天，风景秀丽的扬州瘦西湖畔，来了一位教书先生，在寓所门前挂起一块招牌，上面用大字写着："燕山朱松庭先生，专门教授四元术。"朱世杰号松庭。一时间，求知者便络绎不绝。

朱世杰曾路见不平，挺身而出，救下一个被妓院的鸨母追打的卖身女。后来在他的精心教导下，苦命的姑娘颇懂些数学知识，成了朱世杰的得力助手，两人结成夫妻。

此事至今还在扬州民间流传："元代朱汉卿，教书又育人。救人出苦海，婚姻大事成。"

数学名家

　　我国古代数学领域涌现了许多学科带头人，是他们让古典数学大放异彩。假如历史上没有人研究数学，就绝不会有《周髀算经》、《九章算术》等这样的书流传下来；没有数学家，周王开井田、秦始皇建陵墓等一样也做不成。

　　我国古代许多数学家曾写下了不少著名的数学著作，记载了他们在数学领域的发现和创建。许多具有世界意义的成就正是因为有了这些古算书而得以流传。这些古代数学名著是了解我国古代数学成就的宝库。

古典数学理论奠基者刘徽

　　刘徽是三国后期魏国人，是我国古代杰出的数学家，也是我国古典数学理论的奠基者之一。他的杰作《九章算术注》和《海岛算经》，是我国最宝贵的数学遗产。

　　刘徽的一生是为数学刻苦探求的一生。他不是沽名钓誉的庸人，而是学而不厌的伟人，他给我们中华民族留下了宝贵的精神财富。他在世界数学史上也有着崇高的地位。

魏晋时期杰出的数学家刘徽，曾经提出一个测量太阳高度的方案：

在洛阳城外的开阔地带，一南一北，各立一根8尺长的竿，在同一天的正午时刻测量太阳给这两根竿的投影，以影子长短的差当作分母，以竿的长乘以两竿之间的距离当作分子，两者相除，所得再加上竿的长，就得到了太阳到地表的垂直高度。

再以南边一竿的影长乘上两竿之间的距离作为分子，除以前述影长的差，所得就是南边一竿到太阳正下方的距离。

以这两个数字作为直角三角形两条直角边的边长，用勾股定理求直角三角形的弦长，所得就是太阳距观测者的实际距离。

刘徽的这个方案，运用了相似三角形相应线段的长对应成比例的原理，巧妙地用一个中介的三角形，将另外两个看似不相干的三角形联系在一起。

这一切，和我们今天在中学平面几何课本中学到的一模一样。如果我们把刘徽这道题里的太阳换成别的光源，把它设计成一道几何证明题兼计算题，放到今天的中学课本里，也是完全没有问题的。

刘徽的数学著作留传后世的很少，所留之作均为久经辗转传抄。他的主要著作有：《九章算术注》10卷；《重差》1卷，至唐代易名为《海岛算经》。

刘徽之所以能够写出《九章算术注》，这与他生活的时代大背景是有关系的。

汉代末期的动乱打破了西汉时期"罢黜百家，独尊儒术"这个儒家学说经学独断的局面，思想解放了。后来形成的三国鼎立局面，虽然是没有大统一，但是出现了短暂的相对的统一，促成了思想解放、学术争鸣的局面。

此外，东汉末年，佛教进入我国，道教开始兴起，而且儒道开始合流，有些人用道家的思想开始来解释儒家的东西。百家争鸣、辨析明理的局面，促进了当时国人的逻辑思维。

已经被废除或者停止好多年的逻辑问题，又提到了学术界。

因为数学是个逻辑过程，有逻辑推理、逻辑证明，没有这种东西做基础，那数学是不可想象的。科技的复苏和发展，就需要一些科学技术的东西，来推进生产力的发展。因此，刘徽的数学思想就在这样的背景下产生了。

事实上，他正是我国最早明确主张用逻辑推理的方式来论证数学命题的人。

从《九章算术》本身来看，它约成书于东汉初期，共有246个问题的解法。在许多方面：如解联立方程，分数四则运算，正负数运算，几何图形的体积面积计算等，都属于世界先进之列。

但因原书的解法比较原始，缺乏必要的证明，刘徽则作《九章算术注》，对其均作了补充证明。这些证明，显示了他在众多方面的创造性贡献。

《海岛算经》原为《九章算术注》第九卷勾股章内容的延续和发展，名为《九章重差图》，附于《九章算术注》之后作为第十章。唐代将其从中分离出来，单独成书，按第一题"今有望海岛"，取名为《海岛算经》，是《算经十书》之一。

《海岛算经》研究的对象全是有关高与距离的测量，所使用的工具也都是利用垂直关系所连接起来的测竿与横棒。

所有问题都是利用两次或多次测望所得的数据，来推算可望而不可即的目标的高、深、广、远。是我国最早的一部测量数学著作，也为地图学提供了数学基础。

《海岛算经》运用二次、三次、四次测望法，是测量学历史上领先的创造。刘徽的数学成就可以归纳为两个方面：一是清理我国古代数学体系并奠定了它的理论基础；二是在继承的基础上提出了自己的创见。

刘徽在古代数学体系方面的成就，集中体现在《九章算术注》

中。此作实际上已经形成为一个比较完整的理论体系。

在数系理论方面，刘徽用数的同类与异类阐述了通分、约分、四则运算，以及繁分数化简等的运算法则；在开方术的注释中，他从开方不尽的意义出发，论述了无理方根的存在，并引进了新数，创造了用十进分数无限逼近无理根的方法。

在筹式演算理论方面，刘徽先给率以比较明确的定义，又以遍乘、通约、齐同等基本运算为基础，建立了数与式运算的统一的理论基础。他还用"率"来定义我国古代数学中的"方程"，即现代数学中线性方程组的增广矩阵。

在勾股理论方面，刘徽逐一论证了有关勾股定理与解勾股形的计算原理，建立了相似勾股形理论，发展了勾股测量术，通过对"勾中容横"与"股中容直"之类的典型图形的论析，形成了我国特色的相似理论。

在面积与体积理论方面，刘徽用出入相补、以盈补虚的原理及"割圆术"的极限方法提出了刘徽原理，并解决了多种几何形、几何体的面积、体积计算问题。这些方面的理论价值至今仍闪烁着光辉。

刘徽在继承的基础上提出了自己的见解。这方面主要体现为以下几项有代表性的创见：

一是割圆术与圆周率。他在《九章算术·圆田术》注中，用割圆术证明了圆面积的精确公式，并给出了计算圆周率的科学方法。他首先从圆内接正六边形开始割圆，每次边数倍增，得到比以前更为准确的圆周率数值，被称为"徽率"。

二是刘徽原理。在《九章算术·阳马术》注中，他在用无限分割的方法解决锥体体积时，提出了关于多面体体积计算的刘徽原理。

三是"牟合方盖"说。在《九章算术》注中，他指出了球体积公式的不精确性，并引入了"牟合方盖"这一著名的几何模型。"牟合方盖"是指正方体的两个轴互相垂直的内切圆柱体的贯交部分。

四是方程新术。在《九章算术·方程术》注中，他提出了解线性方程组的新方法，运用了比率算法的思想。

五是重差术。在自撰《海岛算经》中，他提出了重差术，采用了重表、连索和累矩等测高测远方法。

刘徽不仅对我国古代数学的发展产生了深远影响，而且在世界数学史上也有着崇高的地位，他被称作"中国数学史上的牛顿"。

拓展阅读

刘徽自幼学习《九章算术》，细心详览，长期钻研，感悟其中的阴阳割裂之道，追寻古代算术的历史根源，在探索奥秘的过程中，终于得其要领。因此，他才敢于发现和指出其中的不足之处，去其糟粕，取其精华，加上自己的研究成果和心得，为《九章算术》一书作注。

看来，刘徽学习数学几乎穷尽了毕生精力，所以才很有心得，最终成为我国古典数学理论的奠基人。

推算圆周率的先祖祖冲之

祖冲之是南北朝时期人，杰出的数学家、科学家。其主要贡献在数学、天文历法和机械3方面。此外，对音乐也有研究。他是历史上少有的博学多才的人物。

祖冲之在数学上的杰出成就，是关于圆周率的计算。他在前人成就的基础上，经过反复演算，求出了圆周率更为精确的数值，被外国数学史家称作"祖率"。

祖冲之的祖父祖昌，是个很有科学技术知识的人，曾在南朝宋的朝廷里担任过大匠卿，负责主持建筑工程。祖父经常给他讲一些科学家的故事，其中东汉时期大科学家张衡发明地动仪的故事深深打动了祖冲之幼小的心灵。

祖冲之常随祖父去建筑工地，晚上，就同农村小孩们一起乘凉、玩耍。天上星星闪烁，农村孩子们却能叫出星星的名称，如牛郎星、织女星以及北斗星等，此时，祖冲之觉得自己实在知道得太少。

祖冲之不喜欢读古书。5岁时，父亲教他学《论语》，两个月他也只能背诵10多句。父亲很生气。可是他喜欢数学和天文。

一天晚上，他躺在床上想白天老师说的"圆周是直径的3倍"这话似乎不对。第二天早上，他就拿了一段妈妈做鞋子用的线绳，跑到村头的路旁等待过往的车辆。

一会儿，来了一辆马车，祖冲之叫住马车，对驾车的老人说："让我用绳子量量您的车轮，行吗？"

老人点点头。

祖冲之用绳子把车轮量了一下，又把绳子折成同样大小的3段，再去量车轮的直径。量来量去，他总觉得车轮的直径不是"圆周长的三分之一"。

祖冲之站在路旁，一连量了好几辆马车车轮的直径和周长，得出的结论是一样的。

这究竟是为什么呢? 这个问题一直在他的脑海里萦绕。他决心要解开这个谜。随着年龄的增长,祖冲之的知识越来越丰富了。他开始研究刘徽的"割圆术"了。

祖冲之非常佩服刘徽的科学方法,但刘徽的圆周率只得到正九十六边形的结果后就没有再算下去,祖冲之决心按刘徽开创的路子继续走下去,一步一步地计算出正一百九十二边形、正三百八十四边形等,以求得更精确的结果。

当时,数字运算还没利用纸、笔和数码进行演算,而是通过纵横相间地罗列小木棍,然后按类似珠算的方法进行计算。

祖冲之在房间地板上画了个直径为一丈的大圆,又在里边做了个正六边形,然后摆开他自己做的许多小木棍开始计算起来。

此时,祖冲之的儿子祖暅已13岁了,他也帮着父亲一起工作,两人废寝忘食地计算了10多天才算到正九十六边形,结果比刘徽的少0.000002丈。

祖暅对父亲说:"我们计算得很仔细,一定没错,可能是刘徽错了。"

祖冲之却摇摇头说:"要推翻他一定要有科学根据。"于是,父子俩又花了十几天的时间重新计算了一遍,证明刘徽是对的。

祖冲之为避免再出误差,以后每一步都至少重复计算两遍,直至结果完全相同才罢休。

祖冲之从正一万二千二百八十八边形，算至正二万四千五百七十六边形，两者相差仅0.0000001。祖冲之知道从理论上讲，还可以继续算下去，但实际上无法计算了，只好就此停止，从而得出圆周率必然大于3.1415926而小于3.1415927这一结果。这个成绩，使他成为了当时世界上最早把圆周率数值推算到7位数字以上的科学家。直至1000多年后，德国数学家鄂图才得出相同的结果。

祖冲之能取得这样的成就，和当时的社会背景有关。他生活在南北朝时期的南朝宋。由于南朝时期社会比较安定，农业和手工业都有显著的进步，经济和文化得到了迅速发展，从而也推动了科学的前进。当时南朝时期出现了一些很有成就的科学家，祖冲之就是其中最杰出的人物之一。

祖冲之在数学方面的主要贡献是推算出更准确的圆周率的数值。圆周率的应用很广泛，尤其是在天文、历法方面，凡牵涉圆的一切问题，都要使用圆周率来推算。因此，如何正确地推求圆周率的数值，是世界数学史上的一个重要课题。

我国古代劳动人民在生产实践中求得的最早的圆周率值是"3"，这当然很不精密，但一直被沿用至西汉时期。后来，随着天文、数学等科学的发展，研究圆周率的人越来越多了。

西汉末年的刘歆首先抛弃"3"这个不精

确的圆周率值，他曾经采用过的圆周率是3.547。东汉时期的张衡也算出圆周率为3.1622。

这些数值比起"3"当然有了很大的进步，但是还远远不够精密。至三国末期，数学家刘徽创造了用割圆术来求圆周率的方法，圆周率的研究才获得了重大的进展。

不过从当时的数学水平来看，除刘徽的割圆术外，还没有更好的方法。祖冲之把圆的内接正多边形的边数增多至二万四千五百七十六边形时，便恰好可以得出3.1415926＜π＜3.1415927的结果。

祖冲之还确定了圆周率的两个分数形式约率和密率的近似值。约率前人已经用到过，密率是祖冲之发现的。

密率是分子分母都在1000以内的分数形式的圆周率最佳近似值。用这两个近似值计算，可以满足一定精度的要求，并且非常简便。

祖冲之在圆周率方面的研究，有着积极的现实意义，适应了当时生产实践的需要。他亲自研究过度量衡，并用最新的圆周率成果修正古代的量器容积的计算。

古代有一种量器叫作"釜"，一般的是1尺深，外形呈圆柱状，那这种量器的容积有多大呢？要想求出这个数值，就要用到圆周率。

祖冲之利用他的研究，求出了精确的数值。他还重新计算了汉朝刘歆所造的"律嘉量"。这是另一种量器。由于刘歆所用的计算方法和圆周率数值都不够准确，所以他所得的容积值与实际数值有出入。

祖冲之找到他的错误所在，利用"祖率"校正了数值，为人们的日常生活提供了方便。以后，人们制造量器时就普遍采用了祖冲之的"祖率"数值。

祖冲之曾写过《缀术》5卷，汇集了祖冲之父子的数学研究成果，是一部内容极为精彩的数学书，备受人们重视。后来唐代的官办学校的算学科中规定：学员要学《缀术》4年；朝廷举行数学考试时，多从《缀术》中出题。

祖冲之在天文历法方面的成就，大都包含在他所编制的《大明历》中。这个历法代表了当时天文和历算方面的最高成就。

比如：首次把岁差引进历法，这是我国历法史上的重大进步；定一个回归年为365.24281481日；采用391年置144闰的新闰周，比以往历法采用的19年置7闰的闰周更加精密；精确测得交点月日数为27.21223日，使得准确的日、月食预报成为可能等。

在机械制造方面，祖冲之设计制造过水碓磨、铜制机件传动的指南车、千里船、定时器等。他不仅仅让失传已久的指南车原貌再现，也发明了能够日行千里的"千里船"，并制造出类似孔明的"木牛流马"运输工具。

祖冲之生平著作很多，内容也是多方面的。在数学方面著有《缀术》；天文历法方面有《大明历》及为此写的"驳议"；古代典籍的注释方面有《易义》、《老子义》、《庄子义》、《释论语》、《释孝经》等；文学作品方面有《述异记》，此书在《太平御览》等书中可以看到这部著作的片断。

值得一提的是，祖冲之的儿子祖暅，也是一位数学家，他继承他父亲的研究，创立了球体体积的正确算法。他们当时采用的一条原理是：位于两平行平面之间的两个立体，被任一平行于这两平面的平面所截，如果两个截面的面积恒相等，则这两个立体的体积相等。

为了纪念祖氏父子发现这一原理的重大贡献，数学上也称这一原理为"祖暅原理"。祖暅原理也就是"等积原理"。

在天文方面，祖暅也能继承父业。他曾著《天文录》30卷，《天文录经要诀》1卷，可惜这些书都失传了。

祖冲之编制的《大明历》，梁武帝天监初年，祖暅又重新加以修订，才被正式采用。他还制造过记时用的漏壶记时很准确，并且写过一部《漏刻经》。

拓展阅读

祖冲之曾经受命齐高帝萧道成仿制指南车。制成后，萧道成就派大臣王僧虔、刘休两人去试验，结果证明它的构造精巧，运转灵活，无论怎样转弯，木人的手常常指向南方。

当祖冲之制成指南车的时候，北朝时期有一个名叫索驭驎的来到南朝，自称也会制造指南车。于是萧道成也让他制成一辆，在皇宫里的乐游苑和祖冲之所制造的指南车比赛。

结果祖冲之所制的指南车运转自如，索驭驎所制的却很不灵活。索驭驎只得认输，并把自己制的指南车毁掉了。

数学成就突出的秦九韶

　　秦九韶是南宋时期官员、数学家，与李冶、杨辉、朱世杰并称"宋元数学四大家"。他精研星象、算术、营造之学，完成著作《数书九章》，取得了具有世界意义的重要贡献。

　　秦九韶最重要的数学成就是"大衍总数术"，即一次同余组解法，还有"正负开方术"，即高次方程数值解法。

　　秦九韶的成就代表了中世纪世界数学发展的主流与最高水平，在世界数学史上占有崇高的地位。

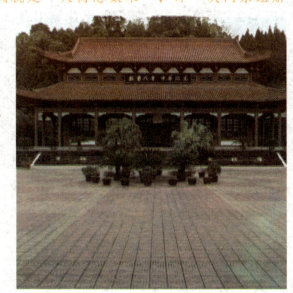

在楚汉战争中，有一次，刘邦手下大将韩信与楚王项羽手下大将李锋交战。苦战一场，楚军不敌，败退回营，汉军也死伤四五百人，于是韩信整顿兵马也返回大本营。

就在汉军行至一山坡时，忽有后军来报，说有楚军骑兵追来。只见远方尘土飞扬，杀声震天。汉军本来已十分疲惫，这时队伍大哗。

韩信兵马到坡顶，见来敌不足500骑，便急速点兵迎敌。他命令士兵3人一排，结果多出2名；接着命令士兵5人一排，结果多出3名；他又命令士兵7人一排，结果又多出2名。

韩信马上向将士们宣布：我军有1073名勇士，敌人不足500人，我们居高临下，以众击寡，一定能打败敌人。

汉军本来就信服自己的统帅，这一来更相信韩信是"神仙下凡"、"神机妙算"，于是士气大振。一时间旌旗摇动，鼓声喧天，汉军步步进逼，楚军乱作一团。

交战不久，楚军果然大败，落荒而逃。

在这个故事中，韩信能迅速算出有1073名勇士，其实是运用了一个数学原理。他3次排兵布阵，按照数学语言来说就是：一个数除以3余2，除以5余3，除以7余2，求这个数。

对于这类问题的有解条件和解的方法，是由宋代数学家秦九韶首先提出来的，被后世称为"中国剩余定理"。

秦九韶是一位非常聪明的人，处处留心，好学不倦。通过这一阶段的学习，他成为一位学识渊博、多才多艺的青年学者。时人说他"性极机巧，星象、音律、算术，以至营造等事，无不精究"，"游戏、毬、马、弓、剑，莫不能知"。

秦九韶考中进士以后，先后担任了县尉、通判、参议官、州守、同农、寺丞等官职。他在政务之余，对数学进行潜心钻研，并广泛收集历学、数学、星象、音律、营造等资料，进行分析、研究。

秦九韶在为母亲守孝时，把长期积累的数学知识和研究所得加以编辑，写成了闻名于世的巨著《数书九章》。全书共列算题81问，分为9类，每类9个问题，不但在数量上取胜，重要的是在质量上也是拔尖的。

《数书九章》的内容主要有：大衍类，包括一次同余式组解法；天时类，包括历法计算、降水量；田域类，包括土地面积；测望类，包括勾股、重差；赋役类，包括均输、税收；钱谷类，包括粮谷转运、仓窖容积；营建类，包括建筑、施工；军族类，包括营盘布置、军需供应；市物类，包括交易和利息。

《数书九章》系统地总结和发展了高次方程数值解法和一次同余组解法，提出了相当完备的"三斜求积术"和"大衍求一术"等，达到了当时世界数学的最高水平。

秦九韶的正负方术，列算式时，提出"商常为正，实常为负，从常为正，益常为负"的原则，纯用代数加法，给出统一的运算规律，并且扩充到任何高次方程中去。

秦九韶所论的"正负开方术"，被称为"秦九韶程序"。世界各国从小学、中学到大学的数学课程，几乎都接触到他的定理、定律和解题原则。

此项成果是中世纪世界数学的最高

成就，比1819年英国人霍纳的同样解法早五六百年。

秦九韶还改进了一次方程组的解法，用互乘对减法消元，与现今的加减消元法完全一致；同时它又给出了筹算的草式，可使它扩充到一般线性方程中的解法。

在欧洲最早是1559年法国布丢给出的，比秦九韶晚了300多年。布丢用不很完整的加减消元法解一次方程组，而且理论上的完整性也逊于秦九韶。

我国古代求解一类大衍问题的方法。秦九韶对此类问题的解法作了系统的论述，并称之为"大衍求一术"，即现代数论中一次同余式组解法。

这一成就是中世纪世界数学的最高成就，比西方1801年著名数学家高斯建立的同余理论早500多年，被西方称为"中国剩余定理"。秦九韶不仅为中国赢得无上荣誉，也为世界数学作出了杰出贡献。

秦九韶还创用了"三斜求积术"等，给出了已知三角形三边求三角形面积公式。还给出一些经验常数，如筑土问题中的"坚三穿四壤五，粟率五十，墙法半之"等，即使对现在仍有现实意义。

秦九韶还在"推计互易"中给出了配分比例和连锁比例的混合命题的巧妙且一般的运算方法，至今仍有意义。

《数书九章》是对我国古典数学奠基之作《九章算术》的继承和发展，概括了宋元时期我国传统数学的主要成就，标志着我国古代数学的高峰。其中的"正负开方术"和"大衍求一术"长期以来影响着我国数学的研究方向。

秦九韶的成就代表了中世纪世界数学发展的主流与最高水平，在世界数学史上占有崇高的地位。

德国著名数学史家、集合论的创始人格奥尔格·康托尔高度评价了"大衍求一术"，他称赞发现这一算法的中国数学家秦九韶是"最幸运的天才"。美国著名科学史家萨顿说道：

秦九韶是他那个民族，他那个时代，并且确实也是所有时代最伟大的数学家之一。

秦九韶，中华民族的骄傲！

拓展阅读

秦九韶自幼生活在家乡，18岁时曾"在乡里为义兵首"，后随父亲移居京部。其父任职工部郎中和秘书少监期间，正是他努力学习和积累知识的时候。

秦九韶在京部阅读了大量典籍，并拜访天文历法和建筑等方面的专家，请教天文历法和土木工程问题，甚至可以深入工地，了解施工情况。他还曾向隐士学习数学，又向著名词人李刘学习骈俪诗词，达到较高水平。

这些知识的积累，为他后来著作《数书九章》显然是大有裨益的，以至于终成数学大家。

贯通古今的数学家朱世杰

朱世杰是元代数学家、教育家，毕生从事数学教育。有"中世纪世界最伟大的数学家"、"贯穿古今的一位最杰出的数学家"之誉。与秦九韶、杨辉、李冶并称为"宋元数学四大家"。

朱世杰的著作《算学启蒙》是一部通俗数学名著，曾流传海外，影响了朝鲜、日本数学的发展。《四元玉鉴》则是我国宋元时期数学高峰的又一个标志，其中最杰出的数学创作有"四元术"、"垛积法"与"招差术"。

朱世杰的青少年时代，大约相当于蒙古灭金之后。元统一全国后，朱世杰曾以数学家的身份周游各地20余年，向他求学的人很多。他到广陵时，史载"踵门而学者云集"。

就当时的数学发展情况而论，在河北南部和山西南部地区，出现了一个以"天元术"为代表的数学研究中心。

当时的北方，正处于天元术逐渐发展成为二元、三元术的重要时期，朱世杰较好地继承了当时北方数学的主要成就，他把"天元术"这一成就拓展为"四元术"。

朱世杰除继承和发展了北方的数学成就之外，还吸收了当时南方的数学成就，比如各种日用、商用数学和口诀、歌诀等。

朱世杰在经过长期游学、讲学之后，全面继承了前人数学成果，既吸收了北方的天元术，又吸收了南方的正负开方术及通俗歌诀等，在此基础上进行了创造性的研究，写成以总结和普及当时各种数学知识为宗旨的《算学启蒙》，又写成四元术的代表作《四元玉鉴》，先后于1299年和1303年刊印。

《算学启蒙》全书共3卷，20门，总计259个问题和相应的解答。这部书从乘除运算起，一直讲至当时数学发展的最高成就"天元术"，全面介绍了当时数学所包含的各方面内容。

卷上共分为8门，收有数学问题113个。其内容为：乘数为一位数的乘法、乘数首位数为一的乘法、多位数乘法、首位除数为一的除法、多位除数的除法、各种比例问题如计算利息、税收等。

其中"库司解税门"第七问题记有"今有税务法则三十贯纳税一贯"，同门第十、第十一两问中均载有"两务税"等，都是当时实际施行的税制。

朱世杰在书中的自注中也常写有"而今有之"、"而今市舶司有之"等，可见书中的各种数据大都来自当时的社会实际。因此，书中提到的物价包括地价、水稻单位面积产量等，对了解元代社会的经济情况也是有用的。

卷中共7门，71问。内容有各种田亩面积、仓窖容积、工程土方、复杂的比例计算等。

卷下共5门，75问。内容包括各种分数计算、垛积问题、盈不足算法、一次方程解法、天元术等。

其中的主要贡献是创造了一套完整的消未知数方法，称为"四元消法"。这种方法在世界上长期处于领先地位，直至18世纪，法国数学家贝祖提出一般的高次方程组解法，才与朱世杰一争高下。

《算学启蒙》体系完整，内容深入浅出，通俗易懂，是一部很著名的启蒙读物。这部著作后来流传到朝鲜、日本等国，出版过翻刻本和注释本，产生过一定的影响。

《四元玉鉴》全书共3卷，24门，288问。书中所有问题都与求解方程或求解方程组有关。

比如，四元的问题有7问，三元者13问，二元者36问，一元者232问。可见，多元高次方程组的解法即"四元术"是《四元玉鉴》的主要内容，也是全书的主要成就。

《四元玉鉴》中的另一项突出的成就是关于高阶等差级数的求和问题。在此基础上，朱世杰还进一步解决了高次差的招差法问题。这是他在"垛积术"、"招差术"等方面的研究和成果。

这些成果是我国宋元数学高峰的又一个标志。其中讨论了多达四元的高次联立方程组解法，联系在一起的多项式的表达和运算以及消去法，已接近近世代数学，处于世界领先地位，比西方早400年。

《四元玉鉴》是一部成就辉煌的数学名著，受到近代数学史研究者的高度评价。美国著名的科学史家萨顿称赞说道：

是中国数学著作中最重要的一部，同时也是中世纪的杰出数学著作之一。

他还评论说：

> 朱世杰是他所生存时代的，同时也是贯穿古今的一位最杰出的数学家。

如此之高的评价，朱世杰和他的著作都是当之无愧的。

朱世杰不仅是一名杰出的数学家，他还是一位数学教育家。他曾周游四方各地，并亲自编著数学入门书《算学启蒙》。在《算学启蒙》卷下中，朱世杰提出已知勾弦和、股弦和求解勾股形的方法，补充了《九章算术》的不足。

总之，朱世杰在数学科学上，全面地继承了秦九韶、李冶、杨辉的数学成就，并给予创造性的发展，写出了《算学启蒙》、《四元玉鉴》等著名作品，把我国古代数学推向了更高的境界。

拓展阅读

《算学启蒙》出版后不久即流传至朝鲜和日本。在朝鲜的李朝时期，《算学启蒙》和《详明算法》、《杨辉算法》一道被作为李朝时期选仕的基本书籍。

《算学启蒙》传入日本的时间也已不可考，日本后西天皇时在京都的一个寺院中发现了这部书，之后进行了几次翻刻，对日本和算的发展有较大的影响。

《四元玉鉴》一书的流传也曾几经波折。日本数学史家三上义夫在其所著《中日数学之发展》一书中将《四元玉鉴》介绍至国外。

学贯中西的数学家李善兰

李善兰是近代著名的数学家、天文学家、力学家和植物学家。他为了使先进的西方近代科学能在我国早日传播，不遗余力，克服了重重困难，学贯中西，作出了很大贡献。其多部译作弥补了我国数学在某方面的空白。

李善兰创立了二次平方根的幂级数展开式，各种三角函数、反三角函数和对数函数的幂级数展开式。

这是李善兰也是我国19世纪数学界取得的最重大的成就。李善兰是继梅文鼎之后清代数学史上的又一杰出代表。

李善兰从小就喜欢数学，而且勤于思考，常把身边的事物和数学联系起来。

　　有一天，李善兰随父亲到海宁城里一位大绅士家做客，看到墙上挂着一幅《百鸟归巢》图，画家是当时很有名的花鸟画高手，在他生花妙笔的点染下，使看画的人仿佛闻到了花香、听到了鸟的叫声。

　　画的右上角还有一首题画诗，上面写道："一只过了又一只，3、4、5、6、7、8只。凤凰何少雀何多，啄尽人间千万石。"

　　李善兰看到这幅画后，心中也顿然一动。题目是《百鸟归巢》，可全诗却没有百字，只有这几个数字，好像是题诗人的有意安排，但究竟有什么深藏的机密呢？他看着这些数字想了又想，当时他也没有想明白。

　　回到家中，他还在心里琢磨，当他看到书架上的数学书箱时，他恍然大悟，原来这是一道数学题。他在纸上写下了这样几个数：1、

1、3、4、5、6、7、8，怎样能使它们和百鸟联系在一起呢？

就在他拿来书架上的数学书翻开的时候，在脑子里突然涌现出了几个算式：$1 \times 2 = 2$；$3 \times 4 = 12$；$5 \times 6 = 30$；$7 \times 8 = 56$；$2 + 12 + 30 + 56 = 100$。

这不正对应着《百鸟归巢》的"百"吗？而最后的两句诗是讽刺官员欺压百姓，就像鸦雀一样，把老百姓成千上万的粮食侵占了。

这真是一幅绝妙的画！看来，画家也有很深的数学造诣。

李善兰自幼就读于私塾，受到了良好的家庭教育。他资禀颖异，勤奋好学，于所读之诗书，过目即能成诵。有一次，他发现父亲的书架上有一本我国古代数学名著《九章算术》，感到十分新奇有趣，从此迷上了数学。

14岁时，李善兰又靠自学读懂了欧几里得《几何原本》前6卷，这是明末徐光启与利玛窦合译的古希腊数学名著。欧氏几何严密的逻辑体系，清晰的数学推理，与偏重实用解法和计算技巧的我国古代传统数学思路迥异，自有它的特色和长处。

李善兰在《九章算术》的基础上，又吸取了《几何原本》的新思想，这使他的数学造诣日趋精深。后来，又研读了金元时期的数学家李冶的《测圆海镜》，清代末期数学家戴煦的《勾股割圆记》等书，所学渐深。

1852年，李善兰离家来到上海的墨海书馆。

墨海书馆是1843年为翻译西方书籍

由英国传教士麦都思开设的，它也是西方传教士与我国知识分子联系的一条渠道。李善兰在那里结识了英国传教士伟烈亚力和艾约瑟。

当时墨海书馆正在物色能与传教士协作翻译的外语人才。

李善兰的到来使他们十分高兴，但又不甚放心，于是，他们拿出西方最艰深的算题来考李善兰，结果都被李善兰一一作了解答，得到传教士们的赞赏。从此以后，李善兰开始了译著西方科学著作的生涯。

李善兰翻译的第一部著作是《几何原本》后9卷，由于他不通外文，因此不得不依靠传教士们的帮助。

《几何原本》的整个翻译工作都是由伟烈亚力口述，由李善兰笔录的。

其实这并非容易，因为西方的数学思想与我国传统的数学思想很不一致，表达方式也大相径庭。

虽然说是笔录，但在实际上却是对伟烈亚力口述的再翻译。就如伟烈亚力所说，正是由于李善兰"精于数学"，才能对书中的意思表达得明白无误，恰到好处。

这本书的翻译前后历经4年才告成功。

在译《几何原本》的同时，李善兰又与艾约瑟一起译出了《重学》20卷。这是我国近代科学史上第一部力学专著，在当时产生了很大的影响。

1859年，李善兰又译出两部很有影响的数学著作《代数学》13卷和《代微积拾级》18卷。前者是我国第一部以代数命名的符号代数学，后者则是我国第一部解析几何和微积分著作。

这两部书的译出，不仅向我国数学界介绍了西方符号代数、解析几何和微积分的基本内容，而且在我国的数学领域中创立起许多新的概念、新的名词、新的符号。

这些新东西虽然引自于西方原本，但以中文名词的形式出现却离不开李善兰的创造，其中的代数学、系数、根、多项式、方程式、函数、微分、积分、级数、切线、法线、渐近线等，都沿用至今。

这些汉译数学名词可以做到顾名思义。李善兰在解释"函数"一词时说，"凡此变数中函彼变数，则此为彼之函数。"这里，"函"是含有的意思，它与函数概念着重变量之间的关系的意思是十分相近的。许多译名后来也为日本所采用，并沿用至今。

在《代微积拾级》中附有第一张英汉数学名词对照表，其中收词330个，有相当一部分名词已为现代数学所接受，有些则略有改变，也有些已被淘汰。

除了译名外，在算式和符号方面李善兰也做了许多创造和转引工作。比如从西文书中引用了×、÷、＝等符号。

李善兰除了与伟烈亚力合译了《几何原本》、《代数学》和《代微积拾级》外，还与艾约瑟合译了《圆锥曲线论》3卷。这4部译著虽说与当时欧洲数学已有很大差距，但作为高等数学在我国引入还是第一次，它标志着近代数学已经在我国出现。

就具体数学内容来说，它们包括了虚数概念、多项式理论、方程论、解析几何、圆锥曲线论、微分学、积分学、级数论等，所有的内容都是基本的和初步的，然而，它对我国数学来说却是崭新的。有了这个起点，我国数学也就可以逐步走向世界数学之林。

1858年，李善兰又向墨海书馆提议翻译英国天文学家约翰·赫舍尔的《天文学纲要》和牛顿的《自然哲学数学原理》。此外又与英国人韦廉臣合译了林耐的《植物学》8卷。

在1852年至1859年的七八年间，李善兰译成著作七八种，共约七八十万字。其中不仅有他擅长的数学和天文学，还有他所生疏的力学和植物学。

在介绍西学方面，这里值得一提的是，在李善兰之后，清代末期数学家、翻译家和教育家华蘅芳做了积极的翻译工作。

华蘅芳先与美国玛高温合译了《金石识别》、《地学浅释》、《防海新论》和《御风要术》等矿物学、地学、气象学方面的书共5种；又与英国人傅兰雅合译了《代数术》、《微积溯源》、《决疑数学》、《三角数理》、《三角难题解法》、《算式解法》6种，另有未刊行的译著4种，进一步介绍近代西方的代数学、三角学、微积分学和概率论。

这些译著都成为我国学者了解和学习西方数学的主要来源。其中的《决疑数学》具有突出地位，是第一部在我国编译的概率论专著。

李善兰在数学研究方面的成就，主要有尖锥术、垛积术和素数论3项。尖锥术理论主要见于《方圆阐幽》、《弧矢启秘》、《对数探源》3部著作，成书年代约1845年，当时解析几何与微积分学尚未传入我国。

李善兰的著作将近代数学思想运用于解决我国传统课题之中，取得了出色的成就。

李善兰创立的"尖锥"概念，是一种处理代数问题的几何模型，他对"尖锥曲线"的描述实质上相当于给出了直线、抛物线、立方抛物线等方程。

他创造的"尖锥求积术"，相当于幂函数的定积分公式和逐项积分法则。他用"分离元数法"独立地得出了二项式平方根的幂级数展开式结合"尖锥求积术"，得到了圆周率的无穷级数表达式。

垛积术理论主要见于《垛积比类》，这是有关高阶等差级数的著作，是早期组合论的杰作。李善兰从研究我国传统的垛积问题入手，获得了一些相当于现代组合数学中的成果，创立了驰名中外的"李善兰恒等式"。

素数论主要见于《考数根法》，这是我国素数论方面最早的著作。在判别一个自然数是否为素数时，李善兰证明了著名的费马素数定理，并指出了它的逆定理不真。

李善兰是继梅文鼎之后清代数学史上的又一杰出代表。李善兰还是一位翻译家，他一生翻译西方科技书籍甚多，将近代科学最主要的几门知识从天文学到植物细胞学的最新成果介绍传入我国，对促进近代科学的发展作出了卓越的贡献。

拓展阅读

李善兰在故里时，曾与蒋仁荣、崔德华等亲朋好友组织"鸳湖吟社"，常游"东山别墅"，分韵唱和，当时曾利用相似勾股形对应边成比例的原理测算过东山的高度。他的经学老师陈奂在《师友渊源记》中说他"孰习九数之术，常立表线，用长短式依节候以测日景，便易稽考"。

明清之际诗人余楧在《白岳庵诗话》中说他"夜尝露坐山顶，以测象纬躔次"。至今李善兰的家乡还流传着他在新婚之夜探头于阁楼窗外观测星宿的故事。